生物安全实验室设施设备
风险评估技术指南

曹国庆　王君玮　翟培军　王　荣　等编著

中国建筑工业出版社

图书在版编目（CIP）数据

生物安全实验室设施设备风险评估技术指南/曹国庆
等编著. —北京：中国建筑工业出版社，2018.10（2025.2重印）
ISBN 978-7-112-22489-0

Ⅰ．①生… Ⅱ．①曹… Ⅲ．①生物学-实验室-
建筑设备-风险评价-指南 Ⅳ．①TU244.5-62

中国版本图书馆 CIP 数据核字（2018）第 172944 号

责任编辑：张文胜
责任校对：李美娜

生物安全实验室设施设备风险评估技术指南

曹国庆　王君玮　翟培军　王　荣　等编著

*

中国建筑工业出版社出版、发行（北京海淀三里河路 9 号）
各地新华书店、建筑书店经销
霸州市顺浩图文科技发展有限公司制版
建工社（河北）印刷有限公司印刷

*

开本：787×1092 毫米　1/16　印张：10½　字数：261 千字
2018 年 10 月第一版　2025 年 2 月第二次印刷
定价：**45.00** 元
ISBN 978-7-112-22489-0
（32575）

编审委员会

序

　　生物安全实验室是用于科研、临床、生产中开展有关内源性和外源性病原微生物工作的场所，在这种生物安全实验室内所操作的病原微生物可能会引起暴露性感染，产生严重后果。为预防和避免实验室感染发生，做好生物安全实验室的风险管理是预防实验室感染以及实验成功的有效措施。生物安全实验室风险评估是生物安全实验室风险管理的核心组成部分，既需要有严密的理论，又需要与实践经验相结合，其可操作性成为生物安全风险评估成功的关键。

　　实验室生物安全涉及的绝不仅是实验室工作人员的个人健康，一旦发生事故，极有可能会给人群、动物或植物带来不可预计的危害。生物安全实验室事件或事故的发生是难以完全避免的，重要的是实验室工作人员应事先了解所从事活动的风险及应在风险已控制在可接受的状态下从事相关的活动。历经十余年的发展及实践，我国生物安全实验室风险评估及控制方面已有很多新的变化，但目前大部分实验室对生物安全风险评估应用的理解和认识仍有待提高。

　　中国建筑科学研究院有限公司建筑环境与节能研究院在生物安全实验室设施设备方面有着多年的研究积累，具有丰富的科研、设计、检测、产品研发等方面的经验和成果。主编了《生物安全实验室建筑技术规范》GB 50346、《实验动物设施建筑技术规范》GB 50447等多部国家标准；出版了《生物安全实验室与生物安全柜》、《生物安全实验室关键防护设备性能现场检测与评价》等多部专著；获得生物安全柜排风无泄漏密封结构、排风过滤器现场在线验证系统等多项发明专利；发表了50余篇有关生物安全实验室设计、检测与运维方面的学术论文；完成了中国疾病预防控制中心昌平园区一期工程、国家兽医微生物中心等多项高级别生物安全实验室设计，并且走向国际；完成了众多部门生物安全柜、防护设备和高级别生物安全实验室特别是我国全部四级生物安全实验室的检验。

　　本书基于中国建筑科学研究院有限公司建筑环境与节能研究院净化空调技术中心研究团队在生物安全实验室设施设备领域几十年的研究成果，系统地提出了生物安全实验室设施设备风险评估方法，实现了设施设备风险管理要素的全覆盖，为生物安全实验室开展设施设备风险评估工作提供了技术依据。

　　生物安全是国家战略目标的重要支柱，让我们一起为我国生物安全事业的健康发展而努力奋斗。

2018 年 6 月

前　言

随着我国生物技术、医疗卫生事业的快速发展，在微生物学研究、生物技术开发、遗传基因工程、特殊医疗用房、生化武器反恐等多个方面，越来越多的生物安全实验室相继建立并投入使用，特别是近些年来 SARS、禽流感、甲型 H1N1 流感等疫情的爆发，对我国生物安全实验室的建设提出了更高的要求。现在，国内三级生物安全实验室已成为常规的实验手段，最高级别的四级生物安全实验室也已建成使用，各类生物安全柜、动物隔离器等关键防护设备已成为常规产品。

开展生物安全实验室风险评估，并根据风险评估结果落实相应的风险控制措施，是实验室风险管理的核心工作之一。我国现阶段生物安全实验室的风险评估活动还处于初期阶段，因缺乏国家或行业标准的指导，各实验室的风险评估报告良莠不齐，格式也不尽相同。目前很多实验室对生物安全风险评估应用的理解和认识仍停留在理论层面上，风险评估结果和实验室安全管理体系脱节，接口不清晰。

在建筑设施设备方面存在的问题是：生物安全实验室风险评估活动参与人员大部分是微生物学、医学、生物技术等专业人员，缺乏暖通、给排水、电气等建筑机电专业人员，对关键防护设备的风险评估仅限于生物安全柜、高压灭菌器等常见设备的评估。另外，对建筑设施风险评估内容涉及的也很少。生物安全实验室设施设备性能是确保实验室生物安全的前提，需要进行定期维护检测与风险评估。

为控制室内微生物污染，"十三五"国家重点研发计划项目"室内微生物污染源头识别监测和综合控制技术"（编号：2017YFC0702800）对室内微生物气溶胶来源、传播机理、控制技术等进行了研究，本书是该科研项目的研究成果之一，以生物安全实验室（烈性传染病负压隔离病房与其相似，医院呼吸科、传染病医院等可借鉴）为研究对象，探讨了该类建筑设施设备风险评估与风险控制技术，旨在与所有从事生物安全实验室、负压隔离病房等类似建筑研究的相关人员探讨交流。

中国建筑科学研究院有限公司在生物安全实验室设施设备方面有着多年的研究积累，"十三五"期间还参与承担了国家重点研发计划"生物安全关键技术研发专项"课题"高等级病原微生物实验室风险评估体系建立及标准化研究"（编号：2016YFC1202202）、国家质量监督检验检疫总局科技项目"病原微生物实验室生物安全风险评估认可技术研究"（编号：2016IK082）等科研项目，系统研究了病原微生物实验室设施设备风险评估问题。

本书旨在为各级各类生物安全实验室管理人员、检验人员和教学人员提供参考和帮助，也可供生物安全实验室设计人员、施工人员、检测人员、运维人员参考。由于编写时间匆忙，成稿仓促，书中难免有疏漏和谬误之处，希望广大同仁在使用过程中提出宝贵意见。

编　者

2018 年 6 月

目　　录

第1章　实验室风险管理概述

1.1　风险管理相关概念

1.1.1　术语和定义

以下术语和定义引自《风险管理　术语》GB/T 23694—2013/ISO Guide 73：2009。

（1）风险　risk

不确定性对目标的影响。

注1：影响是指偏离预期，可以是正面的和/或负面的。

注2：目标可以是不同方面（如财务、健康与安全、环境等）和层面（如战略、组织、项目、产品和过程等）的目标。

注3：通常用潜在事件、后果或者两者的组合来区分风险。

注4：通常用事件后果（包括情形的变化）和事件发生可能性的组合来表示风险。

注5：不确定性是指对事件及其后果或可能性的信息缺失或了解片面的状态。

（2）风险描述　risk description

对风险所做的结构化的表述，通常包括四个要素：风险源、事件、原因和后果。

（3）风险源　risk source

可能单独或共同引发风险的内在要素。

注：风险源可以是有形的，也可以是无形的。

（4）事件　event

某一类情形的发生或变化。

注1：事件可以是一个或多个情形，并且可以由多个原因导致。

注2：事件可以包括没有发生的情形。

注3：事件有时可称为"事故"。

注4：没有造成后果的事件还可称为"未遂事件"、"事故征候"、"临近伤害"、"幸免"。

（5）后果　consequence

某事件对目标影响的结果。

注1：一个事件可以导致一系列后果。

注2：后果可以是确定的，也可以是不确定的，对目标的影响可以是正面的，也可以是负面的。

注3：后果可以定性或定量描述。

注4：通过联锁反应，最初的后果可能升级。

（6）　可能性 likelihood

某事件发生的机会。

注1：无论是以客观的或主观的，定性或定量的方式来定义、度量或确定，还是用一般词汇或数学术语来描述（如概率），或一定时间内的频率，在风险管理术语中，"可能性"一词都用来表示某事发生

的机会。

注2："可能性"（likelihood）这一英语词汇在一些语言中没有直接与之对应的词汇，因此经常用"概率"（probability）这个词代替。不过，在英语中，"概率"常常被狭义地理解为一个数学词汇。因此，在风险管理术语中"可能性"应该有着与许多语言中使用的"概率"一词相同的解释，而不局限于英语中"概率"一词的意义。

（7）概率　probability

对事件发生机会的度量，用0到1之间的数字表示。0表示不可能发生，1表示确定发生。

（8）风险矩阵　risk matrix

通过确定后果和可能性的范围来排列显示风险的工具。

（9）风险等级　level of risk

单一风险或组合风险的大小，以后果和可能性的组合来表达。

（10）风险准则　risk criteria

评价风险重要性的依据。

注1：风险准则的确定需要基于组织的目标、外部环境和内部环境。

注2：风险准则可以源自标准、法律、政策和其他要求。

（11）风险管理　risk management

在风险方面，指导和控制组织的协调活动。

（12）风险评估　risk assessment

包括风险识别、风险分析和风险评价的全过程。

（13）风险识别　risk identification

发现、确认和描述风险的过程。

注1：风险识别包括对风险源、事件及其原因和潜在后果的识别。

注2：风险识别可能涉及历史数据、理论分析、专家意见以及利益相关者的需求。

（14）风险分析　risk analysis

理解风险性质、确定风险等级的过程。

注1：风险分析是风险评价和风险应对决策的基础。

注2：风险分析包括风险估计。

（15）风险评价　risk evaluation

对比风险分析结果和风险准则，以确定风险和/或其大小是否可以接受或容忍的过程。

注：风险评价有助于风险应对的决策。

（16）风险应对　risk treatment

处理风险的过程。

注1：风险应对可以包括：不开始或不再继续导致风险的行动，以规避风险；为寻求机会而承担或增加风险（如消除风险源、改变可能性、改变后果）；与其他各方分担风险（包括合同和风险融资）；慎重考虑后决定保留风险。

注2：针对负面后果的风险应对有时指"风险缓解"、"风险消除"、"风险预防"、"风险降低"等。

注3：风险应对可能产生新的风险或改变现有风险。

（17）风险控制　risk control

处理风险的措施。

注1：风险控制包括处理风险的任何流程、策略、设施、操作或其他行动。

注2：风险控制并非总能取得预期效果。

（18）风险容忍　risk tolerance

组织或利益相关者为实现目标在风险应对之后承担风险的意愿。

注：风险容忍会受到法律法规要求的影响。

（19）剩余风险　residual risk

风险应对之后仍然存在的风险。

注1：剩余风险可包括未识别的风险。

注2：剩余风险还被称为"留存的风险"。

1.1.2 风险管理概念要点

1.1.2.1 风险研究

"风险"一词的由来，最为普遍的一种说法是，在远古时期，以打鱼捕捞为生的渔民们，每次出海前都要祈祷神灵保佑自己在出海时能够风平浪静、满载而归，在长期的捕捞实践中，深深体会到"风"给他们带来的无法预测、无法确定的危险，"风"即意味着"险"，因此有了"风险"一词的由来。而另一种"风险"的"源出说"称，风险（RISK）是舶来品，比较权威的说法是来源于意大利语的"RISQUE"。

在早期的运用中，"风险"被理解为客观的危险，体现为自然现象或者航海遇到礁石、风暴等事件。现代意义上的"风险"越来越被概念化，并随着人类活动的复杂性和深刻性而逐步深化，与人类的决策和行为后果联系越来越紧密，风险一词也成为人们生活中出现频率很高的词汇，20世纪60年代以来风险研究逐渐涉及各个学科。国际标准化组织（ISO）于2009年发布了《风险管理原则与实施指南》ISO 31000，"风险"基本的核心含义是"未来结果的不确定性或损失"。

1.1.2.2 风险管理

风险管理是组织管理的有机组成部分，嵌入到组织文化和实践当中，贯穿于组织的经营过程。风险管理过程由明确环境信息、风险评估、风险应对、监督和检查组成，如图1-1所示，其中，风险评估包括风险识别、风险分析和风险评价三个步骤。沟通和记录，应贯穿于风险管理过程的各项活动中。风险管理过程是指将管理政策、程序和操作方法系统地应用于沟通、咨询、明确环境以及识别、分析、评价、应对、监督与评审风险的活动中。

风险管理是适应环境变化的动态过程，其各步骤之间形成一个信息反馈的闭环。随着内部和外部事件的发生、组织环境和知识的改变以及监督和检查的执行，有些风险可能会发生变化，一些新的风险可能会出现，另一些风险则可能消失。因此，组织应持续不断地对各种变化保持敏感并作出恰当反应。组织通过绩效测量、检查和调整等手段，使风险管理得到持续改进。

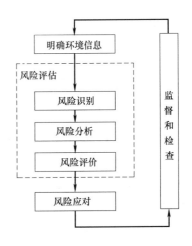

图1-1　风险管理过程

风险管理已被看作是一个组织应具备的核心能力，不仅限于对不利因素的管理，风险与机遇并存，争取机会和控制风险的能力对组织自身的发展和取得成绩至关重要，组织的所有决策都应考虑风险和风险管理。风险管理旨在将风险控制在组织可接受的范围内，有助于判断风险应对是否充分、有效，有助于决定行动优先顺序并选择可行的行动方案，从而帮助决策者做出合理的决策。

生物安全实验室的风险管理有助于其实现科学研究和实验室活动的目标，并在人员健康和安全、遵守法律法规、信用程度、社会认可、环境保护、财务管理、研究质量、运行效率等方面得到承认和获得业绩。

风险管理强调信息和沟通。风险管理的输入信息可通过经验、反馈、观察、预测和专家判断等多种渠道获取，但使用时要考虑数据、模型和专家意见的局限性。所以，与内部和外部相关方的良好、有效、及时和持续的沟通非常重要，尤其是在重大风险事件和风险管理有效性等方面需要及时沟通。有效管理的另一关键点是广泛参与，生物安全实验室的所有成员应了解和理解风险、风险控制和其负责的风险管理任务，同时应在质量管理体系文件中予以明确，管理要素通常包括程序、操作方法、职责分配、活动的顺序和时间安排。

1.1.2.3　风险评估

风险评估是风险管理的一个核心环节，包括风险识别、风险分析和风险评价，是风险管理的基础。风险评估是一个动态和循环的过程，风险准则会随着社会的发展、对事物内在规律的认识、利益方的需求等因素而变化，应始终关注安全、管理成本和代价的平衡关系，风险评估是科学管理风险的基础。

在风险管理过程中，风险评估并非一项独立的活动，必须与风险管理过程的其他组成部分有效衔接。进行风险评估时尤其应清楚：①组织所处环境和组织目标；②组织可容许风险的范围及类型，以及如何应对不可接受的风险；③风险评估的方法和技术，及其对风险管理过程的促进作用；④实施风险评估的义务、责任及权利；⑤可用于风险评估的资源；⑥如何进行风险评估的报告及检查；⑦风险评估活动如何融入组织日常运行中。

风险评估活动适用于组织的各个层级，评估范围可涵盖项目、单个活动或具体事项等。但是在不同情境中，所使用的评估工具和技术可能会有差异。风险评估有助于决策者对风险及其原因、后果和发生可能性有更充分的理解。

1.2　风险管理过程简介

1.2.1　明确环境信息❶

1.2.1.1　概述

通过明确环境信息，组织可明确其风险管理的目标，确定与组织相关的内部和外部参数，并设定风险管理的范围和有关风险准则。

---

❶　以下内容引自《风险管理　原则与实施指南》GB/T 24353—2009。

1.2.1.2　外部环境信息

外部环境信息是组织在实现目标过程中所面临的外界环境的历史、现在和未来的各种相关信息。

为保证在制定风险准则时能充分考虑外部利益相关者的目标和关注点，组织需要了解外部环境信息。外部环境信息以组织所处的整体环境为基础，包括法律和监管要求，利益相关者的诉求和与具体风险管理过程相关的其他方面的信息等。

外部环境信息包括但不限于：

（1）国际、国内、地区及当地的政治、经济、文化、法律、法规、技术、金融以及自然环境和竞争环境；

（2）影响组织目标实现的外部关键因素及其历史和变化趋势；

（3）外部利益相关者及其诉求、价值观、风险承受度；

（4）外部利益相关者与组织的关系等。

1.2.1.3　内部环境信息

内部环境信息是组织在实现目标过程中所面临的内在环境的历史、现在和未来的各种相关信息。

风险管理过程要与组织的文化、经营过程和结构相适应，包括组织内影响其风险管理的任何事物。组织需明确内部环境信息，因为：

（1）风险可能会影响组织战略、日常经营或项目运营等各个方面，从而进一步会影响组织的价值、信用和承诺等；

（2）风险管理在组织的特定目标和管理条件下进行；

（3）具体活动的目标和有关准则应放到组织整体目标的环境中考虑。

内部环境信息可包括：

（1）组织的方针、目标以及经营战略；

（2）资源和知识方面的能力（如资金、时间、人力、过程、系统和技术）；

（3）信息系统、信息流和决策过程（包括正式的和非正式的）；

（4）内部利益相关者及其诉求、价值观、风险承受度；

（5）采用的标准和模型；

（6）组织结构（包括治理结构、任务和责任等）、管理过程和措施；

（7）与风险管理实施过程有关的环境信息等。

其中，风险管理过程的环境信息根据组织的需要而改变，它包括但不限于：

（1）所开展的风险管理工作的范围和目标，以及所需要的资源；

（2）风险管理过程的职责；

（3）应执行的风险管理活动的深度和广度；

（4）风险管理活动与组织其他活动之间的关系；

（5）风险评估的方法和使用的数据；

（6）风险管理绩效的评价方法；

（7）需要制定的决策；

（8）风险准则等。

1.2.1.4 确定风险准则

风险准则是组织用于评价风险重要程度的标准。因此，风险准则需体现组织的风险承受度，应反映组织的价值观、目标和资源。

有些风险准则直接或间接反映了法律和法规要求或其他需要组织遵循的要求。风险准则应当与组织的风险管理方针一致。具体的风险准则应尽可能在风险管理过程开始时制定，并持续不断地检查和完善。

确定风险准则时要考虑以下因素：

（1）可能发生的后果的性质、类型以及后果的度量；

（2）可能性的度量；

（3）可能性和后果的时限；

（4）风险的度量方法；

（5）风险等级的确定；

（6）利益相关者可接受的风险或可容许的风险等级；

（7）多种风险的组合的影响。

通过对以上因素及其他相关因素的关注，将有助于保证组织所采用的风险管理方法适合于组织现状及其所面临的风险。

1.2.2 风险评估

风险评估包括风险识别、风险分析和风险评价三个步骤。

1.2.2.1 风险识别

实验室风险识别是通过识别风险源、影响范围、事件及其原因和潜在的后果等，生成一个全面的风险列表。风险识别是风险评估的第一步，也是风险评估的基础，只有在正确识别出实验室所面临的风险的基础上，才能够主动选择适当有效的方法进行处理。

实验室面临的风险是多样的，既有当前的也有潜在于未来的，既有内部的也有外部的，既有静态的也有动态的，等等。实验室风险识别的任务就是要从错综复杂环境中找出实验室所面临的主要风险（除了识别可能发生的风险事件外，还要考虑其可能的原因和可能导致的后果，包括所有重要的原因和后果）。应注意，同样的风险因素，对不同的实验室或人而言，风险可能是完全不同的。根据实验室各自的特点，制订并不断完善风险列表是十分有益的。

实验室风险识别需要实验室所有相关人员参与，关键在于参与人员的经验、知识水平、对活动过程的了解程度、风险源的特性和信息的全面性，要充分了解实验室设施设备、实验活动过程和人员能力。一方面可以通过感性认识和历史经验来判断，另一方面也可通过对各种客观的资料和风险事故的记录来分析、归纳和整理，以及必要的专家访问，从而找出各种明显和潜在的风险及其损失规律。因为风险具有可变性，因而风险识别是一项持续性和系统性的工作，要求风险管理者密切注意原有风险的变化，并随时发现新的风险。

1.2.2.2 风险分析

风险分析是根据风险类型、获得的信息和风险评估结果的使用目的，对识别出的风险进行定性和定量的分析，为风险评价和风险应对提供支持。风险涉及事件发生的频率和其后果的严重程度，若想精确计算风险，特别是生物风险，是相当困难的。根据风险类型、分析的目的、可获得的信息数据和资源，风险分析可以是定性的、半定量的、定量的或以上方法的组合。注意"定性"与"定量"不是绝对的，在深入研究和分解后，有些定性因素可以转化为定量因素。实际上，从风险管理的有效性和成本看，风险分析越精确，后续措施就会越有针对性，成本就会降低，风险管理的有效性就会提高。但是，对于一些控制措施简单、单一或代价很低的风险的管理，过于追求风险分析的精确性也是不必要的。

"定性分析"是评估已识别风险的影响和可能性的过程，按风险对项目目标可能的影响进行排序，其作用和目的为：①识别具体风险和指导风险应对；②根据各风险对项目目标的潜在影响对风险进行排序；③通过比较风险值（Risk Scores）确定项目总体风险级别（Overall Risk Ranking for teh Project）。

"定量分析"是量化分析每一风险的概率及其对项目目标造成的后果，也分析项目总体风险的程度，其作用和目的为：①测定实现某一特定项目目标的概率；②通过量化各个风险对项目目标的影响程度，甄别出最需要关注的风险；③识别现实的和可实现的成本、进度及范围目标。

在风险分析中，应考虑组织的风险承受度及其对前提和假设的敏感性，并适时与决策者和其他利益相关者有效地沟通。另外，还要考虑可能存在的专家观点中的分歧及数据和模型的局限性。

1.2.2.3　风险评价

在风险识别和风险分析的基础上，综合考虑风险发生的概率、损失幅度以及其他因素，得出系统发生风险的可能性及其程度，并与组织的风险准则进行比较，或者在各种风险的分析结果之间进行比较，确定风险等级，以便做出风险应对的决策。如果该风险是新识别的风险，则应当制定相应的风险准则，以便评价该风险。

风险识别和风险分析是风险评价的基础，只有在充分揭示实验室所面临的各种风险和风险因素的前提下，才可能做出较为精确的评价。风险评价的结果应满足风险应对的需要，否则，应做进一步分析。有时，根据已经制定的风险准则，风险评价使组织做出维持现有的风险应对措施，不采取其他新的措施的决定。

实验室在运行过程中，原来的风险因素可能会发生变化，同时又可能出现新的风险因素，因此，风险识别必须对实验室进行跟踪，以便及时了解实验室在运行过程中风险和风险因素变化的情况。

1.2.3　风险应对❶

1.2.3.1　概述

风险应对是选择并执行一种或多种改变风险的措施，包括改变风险事件发生的可能性或后果的措施。风险应对决策应当考虑各种环境信息，包括内部和外部利益相关者的风险承受度，以及法律、法规和其他方面的要求等。

风险应对措施的制订和评估可能是一个递进的过程。对于风险应对措施，应评估其剩余风险是否可以承受。如果剩余风险不可承受，应调整或制定新的风险应对措施，并评估

---

❶　以下内容引自《风险管理　原则与实施指南》GB/T 24353—2009。

新的风险应对措施的效果，直到剩余风险可以承受。执行风险应对措施会引起组织风险的改变，需要跟踪、监督风险应对的效果和组织的有关环境信息，并对变化的风险进行评估，必要时重新制订风险应对措施。

可能的风险应对措施之间不一定互相排斥。一个风险应对措施也不一定在所有条件下都适合。风险应对措施可包括：决定停止或退出可能导致风险的活动以规避风险、增加风险或承担新的风险以需求机会、消除具有负面影响的风险源、改变风险事件发生的可能性的大小及其分布的性质、改变风险事件发生的可能后果、转移风险、分担风险、保留风险等。

1.2.3.2　选择风险应对措施

选择适当的风险应对措施时需考虑很多方面，包括但不限于：①法律、法规、社会责任和环境保护等方面的要求；②风险应对措施的实施成本与收益（有些风险可能需要组织考虑采用经济上看起来不合理的风险应对决策，例如可能带来严重的负面后果但发生可能性低的风险事件）；③选择几种应对措施，将其单独或组合使用；④利益相关者的诉求和价值观、对风险的认知和承受度以及对某一些风险应对措施的偏好。

风险应对措施在实施过程中可能会失灵或无效。因此，要把监督作为风险应对措施的实施计划的有机组成部分，以保证应对措施持续有效。

风险应对措施可能引起次生风险，对次生风险也需要评估、应对、监督和检查。在原有的风险应对计划中要加入这些次生风险的内容，而不应将其作为新风险而独立对待。为此需要识别并检查原有风险与次生风险之间的联系。当风险应对措施影响到组织内其他领域的风险或影响到其他利益相关者时，要评估这些影响，并与有关利益相关者沟通，必要时调整风险应对措施。

决策者和其他利益相关者应当清楚在采取风险应对措施后的剩余风险的性质和程度。

1.2.3.3　制定风险应对计划

在选择了风险应对措施之后，需要制定相应的风险应对计划。风险应对计划中应当包括：预期的收益；绩效指标及其考核方法；风险管理责任人及实施风险应对措施的人员安排；风险应对措施涉及的具体业务和管理活动；选择多种可能的风险应对措施时，实施风险应对措施的优先次序；报告和监督、检查的要求；与适当的利益相关者的沟通安排；资源需求，包括应急机制的资源需求；执行时间表等。

风险应对计划要与组织的管理过程整合。

1.2.4　监督和检查

组织应明确界定监督和检查的责任。监督和检查可能包括：监测事件，分析变化及其趋势并从中吸取教训；发现内部和外部环境信息的变化，包括风险本身的变化、可能导致的风险应对措施及其实施优先次序的改变；监督并记录风险应对措施实施后的剩余风险，以便在适当时做进一步处理；适用时，对照风险应对计划，检查工作进度与计划的偏差，保证风险应对措施的设计和执行有效；报告关于风险、风险应对计划的进度和风险管理方针的遵循情况；实施风险管理绩效评估。

风险管理绩效评估应纳入到组织的绩效管理以及组织对内、对外的报告体系之中。

监督和检查活动包括常规检查、监控已知的风险、定期或不定期检查。定期或不定期检查都应被列入风险应对计划。

适当时，监督和检查的结果应当有记录并对内或对外报告。

1.2.5 沟通和记录

1.2.5.1 沟通

组织在风险管理过程的每一个阶段都应当与内部和外部利益相关者有效沟通，以保证实施风险管理的责任人和利益相关者能够理解组织风险管理决策的依据，以及需要采取某些行动的原因。

由于利益相关者的价值观、诉求、假设、认知和关注点不同，其风险偏好也不同，并可能对决策有重要影响。因此，组织在决策过程中应当与利益相关者进行充分沟通，识别并记录利益相关者的风险偏好。

1.2.5.2 记录

在风险管理过程中，记录是实施和改进整个风险管理过程的基础。建立记录应当考虑：出于管理的目的而重复使用信息的需要；进一步分析风险和调整风险应对措施的需要；风险管理活动的可追溯要求；沟通的需要；法律、法规和操作上对记录的需要；组织本身持续学习的需要；建立和维护记录所需的成本和工作量；获取信息的方法、读取信息的容易程度和储存媒介；记录保留期限；信息的敏感性。

1.3 实验室生物安全风险管理要求

实验室生物安全涉及的绝不仅是实验室工作人员的个人健康，一旦发生事故，极有可能会给人群、动物或植物带来不可预计的危害。实验室生物安全事件或事故的发生是难以完全避免的，重要的是实验室工作人员应事先了解所从事活动的风险及应在风险已控制在可接受的状态下从事相关的活动。实验室工作人员应认识但不应过分依赖于实验室设施设备的安全保障作用，绝大多数生物安全事故的根本原因是缺乏生物安全意识和疏于管理。

国家标准《实验室 生物安全通用要求》GB 19489—2008 第 3 章对风险评估及风险控制提出了明确要求，其中第 3.1.1 条指出当实验室活动涉及致病性生物因子时，实验室应进行生物风险评估。风险评估应考虑（但不限于）下列内容：

（1）生物因子已知或未知的特性，如生物因子的种类、来源、传染性、传播途径、易感性、潜伏期、剂量-效应（反应）关系、致病性（包括急性与远期效应）、变异性、在环境中的稳定性、与其他生物和环境的交互作用、相关实验数据、流行病学资料、预防和治疗方案等；

（2）适用时，实验室本身或相关实验室已发生的事故分析；

（3）实验室常规活动和非常规活动过程中的风险（不限于生物因素），包括所有进入工作场所的人员和可能涉及的人员（如：合同方人员）的活动；

（4）设施、设备等相关的风险；

（5）适用时，实验动物相关的风险；

（6）人员相关的风险，如身体状况、能力、可能影响工作的压力等；

（7）意外事件、事故带来的风险；

（8）被误用和恶意使用的风险；

（9）风险的范围、性质和时限性；

（10）危险发生的概率评估；

（11）可能产生的危害及后果分析；

（12）确定可接受的风险；

（13）适用时，消除、减少或控制风险的管理措施和技术措施，及采取措施后残余风险或新带来的风险的评估；

（14）适用时，运行经验和所采取的风险控制措施的适应程度评估；

（15）适用时，应急措施及预期效果评估；

（16）适用时，为确定设施设备要求、识别培训需求、开展运行控制提供的输入信息；

（17）适用时，降低风险和控制危害所需资料、资源（包括外部资源）的评估；

（18）对风险、需求、资源、可行性、适用性等的综合评估。

本书侧重于生物安全实验室设施设备的风险管理，对于生物因子、实验活动、人员活动等方面的风险评估不再过多展开，需要了解这方面的读者可以参阅文献《生物安全实验室认可与管理基础知识——风险评估技术指南》一书。

本章参考文献

［1］ 中国标准化研究院 等. 风险管理 术语. GB/T 23694—2013 ［S］. 北京：中国标准出版社，2013.

［2］ 全国风险管理标准化技术委员会. 风险管理 原则与实施指南. GB/T 24353—2009 ［S］. 北京：中国标准出版社，2009.

［3］ 中国标准化研究院 等. 风险管理 风险评估技术. GB/T 27921—2011 ［S］. 北京：中国标准出版社，2011.

［4］ 国家信息中心 等. 信息安全技术 信息安全风险评估规范. GB/T 20984—2007 ［S］. 北京：中国标准出版社，2007.

［5］ 中国合格评定国家认可中心，国家质量监督检验检疫总局科技司 等. 实验室 生物安全通用要求. GB 19489—2008 ［S］. 北京：中国标准出版社，2008.

［6］ 中国建筑科学研究院. 生物安全实验室建筑技术规范 GB 50346—2011 ［S］. 北京：中国建筑工业出版社，2012.

［7］ 中国合格评定国家认可中心. 生物安全实验室认可与管理基础知识——风险评估技术指南 ［M］. 北京：中国质检出版社/中国标准出版社，2012.

第 2 章　实验室风险管理及风险评估技术

2.1　实验室风险管理

关于风险管理的相关标准规范主要有：《风险管理　原则与实施指南》GB/T 24353—2009、《风险管理　风险评估技术》GB/T 27921—2011，与实验室生物风险管理相关的标准有：欧洲标准化委员会《实验室生物风险管理》CWA 15793、WHO 文件《生物风险管理　实验室生物安全保障指南》，国内其他行业针对行业特点编写的《信息安全技术　信息安全风险评估规范》GB/T 20984—2007。

2.1.1　实验室风险管理过程

风险是指事件发生可能性及后果的组合，通常具有不利性、不确定性和复杂性。有时也可根据需要将发生可能性进一步分解为可能性和脆弱性。按照图 1-1 风险管理过程要求，可以简单给出实验室风险管理流程示意图，如图 2-1 所示，WHO 给出的风险管理循环模型如图 2-2 所示，从两张图可以看出风险评估对风险管理过程的推动作用至关重要。

风险评估是实验室设计、建造和管理的依据，实验室风险评估和风险控制活动的复杂程度取决于实验室所存在危险的特性。由于实验室活动的复杂性，硬件配置是保证实验室生物安全的基本条件，是简化管理措施的有效途径。

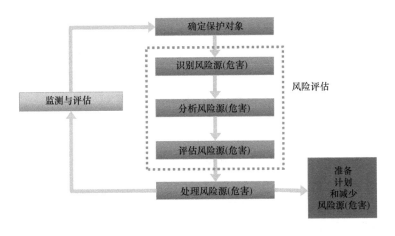

图 2-1　实验室风险管理流程示意图

2.1.2　实验室风险评估过程

实验室风险评估过程如图 2-3 所示，分为计划和准备、实施、报告三个阶段。生物安全实验室设施设备风险评估体现在实验室建设阶段、实验室运行维护两个阶段，且两个阶

图 2-2　WHO 风险管理循环模型

段都不是孤立静止的,而是一个动态循环的过程,整个过程更详尽的描述如图 2-4 所示。

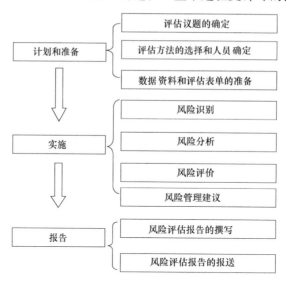

图 2-3　实验室风险评估过程图

2.1.2.1　计划和准备

在计划和准备阶段需要确定评估议题、评估方法、参与人员、数据资料和评估表单等。评估议题的确定十分重要,是决定评估成败的关键环节之一。根据评估目的、涉及领域和评估方法,确定参加评估人员的数量和要求,参加风险评估的人员原则上应来自议题相关的不同专业领域,在本专业领域具有较高的权威性,必要时邀请系统外的相关专家参与,专家人数应满足所使用方法的要求。在正式的风险评估前,应完成实验室建设、运行维护阶段相关信息或数据的初步分析,并收集整理相关的文献资料。根据风险评估议题以及所使用的方法,设计制定风险评估表单。

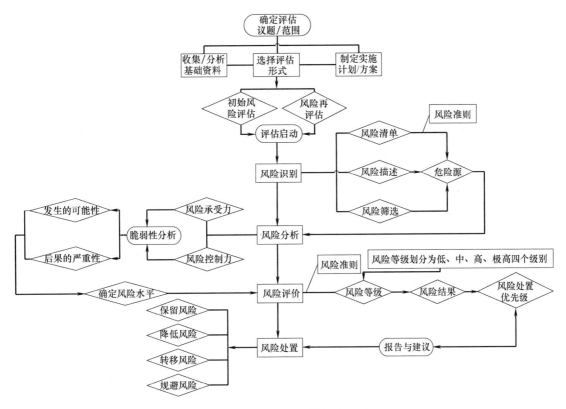

图 2-4　实验室风险管理流程图

2.1.2.2　实施

在实施阶段需要进行风险识别、风险分析、风险评价，并给出风险管理建议。

（1）风险识别是指发现、确认并描述风险要素的过程，风险识别与评估议题的确定往往是结合在一起的，即评估议题的确定过程即为风险评估实施的前期准备，侧重于列举和描述评估议题所涉及的风险要素。

（2）风险分析是认识风险属性并确定风险水平的过程，分析比较用于确定风险发生可能性、后果严重性和脆弱性的相关资料，得出风险要素的风险水平，风险分析的过程包括发生可能性分析、影响程度分析以及脆弱性分析。

（3）风险评价是将风险分析结果与风险准则相对比，确定风险等级的过程，生物安全实验室风险评估中，可能并没有明确的风险准则或者尚未设立明确的风险准则，在这种情况下，风险评价将主要依据风险分析结果与可能接受的风险水平进行对照，确定具体的风险等级。

（4）风险管理建议，即风险应对或风险处置，需要根据风险等级和可控性，分析存在的问题和薄弱环节，确定风险控制策略；同时，依据有效性、可行性和经济性等原则，从降低风险发生的可能性和减轻风险危害等方面，提出预警、风险沟通及控制措施的建议。

2.1.2.3　风险评估报告

生物安全实验室的风险评估应重点分析评估实验室应予关注的事件或风险及其风险等级，并提出有针对性的风险控制措施建议。评估报告主要应包括引言、事件及风险等级、风险管理建议、结论。

（1）引言部分扼要介绍评估的内容、方法和主要结论等。

（2）事件及风险等级部分就识别出的重点事件或风险分别说明其风险等级以及主要的评估依据，必要时可对事件的发生风险、发展趋势进行详细描述。

（3）风险管理建议是指提出预警、风险沟通和控制措施的建议，是在风险分析、评价的基础上，对重点事件或风险，提出风险控制应采取措施建议。

（4）结论是对风险评估的结果和专家建议的综合概括，主要从总体上概况性地描述、评价本次评估所识别出的重点事件或风险，包括风险的等级或优先顺序以及控制相关风险的重点措施和建议。

2.2　常用风险评估方法

风险评估是风险管理的一个环节，包括风险识别、风险分析和风险评价三个步骤，是风险管理的基础。风险评估是一个动态和循环的过程，风险准则会随着社会的发展、对事物内在规律的认识、利益方的需求等因素而变化，应始终关注安全、管理成本和代价的平衡关系，风险评估是科学管理风险的基础。在风险管理过程中，风险评估并非一项独立的活动，必须与风险管理过程的其他组成部分有效衔接。

开展实验室风险评估，并根据风险评估结果落实相应的风险控制措施，是实验室风险管理的核心工作之一。目前很多实验室对风险评估应用的理解和认识仍停留在理论层面上，风险评估结果和实验室安全管理体系脱节，接口不清晰，为了进一步掌握风险评估技术，提高生物安全管理水平，对实验室风险评估技术进行研究是十分必要的。

2.2.1　风险评估技术分类

风险评估技术有许多种，概括起来可分为 3 类：定性的、定量的、定性与定量相结合的风险评估技术。其中定性的风险评估技术以不希望事件（系统危险因素）的发生概率和发生后果的严重性来表示风险的大小；定量的风险评估技术通过相关数据的量化分析来描述、推断某一事物发生事故的可能性和后果，通常在定性风险评估之后进行。

影响风险评估技术选择的因素包括：问题和所需分析方法的复杂性；进行风险评估的不确定性的性质及程度；所需资源的程度，主要涉及时间、专业知识水平、数据需求或成本等；方法是否可以提供一个定量结果。

2.2.2　常用风险评估方法简介

风险评估过程包括风险识别、风险分析和风险评价三个步骤，其中风险分析涵盖后果分析、发生可能性分析、风险等级估计三个过程。各类风险评估技术如何应用到风险评估过程的每一个阶段是需要深入研究的，国家标准《风险管理 风险评估技术》GB/T 27921—2011 附录 B 对 32 种风险评估方法进行了介绍，此处仅摘录部分内容予以简介。

2.2.2.1　头脑风暴法

1. 概述

头脑风暴法（Brainstorming）是指激励一群知识渊博的人员畅所欲言，以发现潜在的失效模式及相关危害、风险、决策准则及/或应对办法。"头脑风暴法"这个术语经常用来泛指任何形式的小组讨论。然而，真正的头脑风暴法包括一系列旨在确保人们的想象力因小组内其他成员的观点和言论而得到激发的专门技术。

在此类技术中，有效的引导非常重要，其中包括：在开始阶段创造自由讨论的氛围；会议期间对讨论进程进行有效控制和调节，使讨论不断进入新的阶段；筛选和捕捉讨论中产生的新设想和新议题。

2. 用途

头脑风暴法可以与其他风险评估方法一起使用，也可以单独使用来激发风险管理过程任何阶段的想象力。头脑风暴法可以用作旨在发现问题的高层次讨论，也可以用作更细致的评审或是特殊问题的细节讨论。

3. 优缺点

优点：激发了想象力，有助于发现新的风险和全新的解决方案；让主要的利益相关者参与其中，有助于进行全面沟通；速度较快并易于开展。

缺点：参与者可能缺乏必要的技术及知识，无法提出有效的建议；由于头脑风暴法相对松散，因此较难保证过程及结果的全面性（如一切潜在风险是否都能被识别出来）；可能会出现特殊的小组状况，导致某些有重要观点的人保持沉默而其他人成为讨论的主角。

这个问题可以通过电脑头脑风暴法，以聊天论坛或名义群体技术的方式加以克服。电脑头脑风暴法可以是匿名的，这样就避免了有可能妨碍思路自由流动的个人或政治问题。在名义群体技术中，想法匿名提交给主持人，然后集体讨论。

4. 与生物安全实验室风险评估的契合点

生物安全实验室的风险评估内容包括生物因子风险、实验活动分析、设施设备风险、自然灾害风险、火灾风险等几大类型的风险，涉及微生物学、公共微生物学、建筑学、流体力学、消防等诸多领域，是个典型的跨学科问题，需要组织不同的学科专家对上述几大类型风险进行风险识别、风险分析、风险评价，头脑风暴法是完成该项工作的必然选择，尤其是在风险识别阶段，需要群策群力。

2.2.2.2　结构化/半结构化访谈

1. 概述

在结构化访谈（Structured Interviews）中，访谈者会依据事先准备好的提纲向访谈对象提问一系列准备好的问题，从而获取访谈对象对某问题的看法。半结构化访谈（Semi-structured interviews）与结构化访谈类似，但是可以进行更自由的对话，以探讨可能出现的问题。

2. 用途

如果人们很难聚在一起参加头脑风暴讨论会，或者小组内难以进行自由的讨论活动时，结构化和半结构化访谈就是一种有用的方法。该方法主要用于识别风险或是评估现有风险控制措施的效果，是为利益相关方提供数据来进行风险评估的有效方式，并且适用于某个项目或过程的任何阶段。

3. 优缺点

优点：结构化访谈可以使人们有时间专门考虑某个问题；通过一对一的沟通可以使双方有更多机会对某个问题进行深入思考；与只有小部分人员参与的头脑风暴法相比，结构化访谈可以让更多的利益相关者参与其中。

缺点：通过这种方式获得各种观点所花费的时间较多；访谈对象的观点可能会存有偏见，因其没有通过小组讨论加以消除；无法实现头脑风暴法的一大特征——激发想象力。

4. 与生物安全实验室风险评估的契合点

当选择头脑风暴法对生物安全实验室进行风险评估时，为避免一言堂，结构化/半结构化访谈是较好的辅助选择。

2.2.2.3 德尔菲法

1. 概述

德尔菲法（Delphi）是依据一套系统的程序在一组专家中取得可靠共识的技术。尽管该术语经常用来泛指任何形式的头脑风暴法，但是在形成之初，德尔菲法的根本特征是专家单独、匿名地表达各自的观点。即在讨论过程中，团队成员之间不得互相讨论，只能与调查人员沟通，通过让团队成员填写问卷、集结意见、整理并共享，周而复始，最终获取共识。

2. 用途

无论是否需要专家的共识，德尔菲法都可以用于风险管理过程或系统生命周期的任何阶段。

3. 优缺点

优点：由于观点是匿名的，因此成员更有可能表达出那些不受欢迎的看法；所有观点都获得相同的重视，以避免某一权威占主导地位或话语权的问题；便于展开，成员不必一次聚集在某个地方。

缺点：这是一项费力、耗时的工作；参与者需要进行清晰的书面表达。

4. 与生物安全实验室风险评估的契合点

头脑风暴法、结构化/半结构化访谈法适用于生物安全实验室的风险评估，尤其是风险识别，但在进行风险分析、风险评价时，单纯这两种方法时，很难保证过程及结果的全面性，这时需要采用德尔菲法进行多轮反反复复的沟通交流，直至达成共识，即德尔菲法虽然费时、费力，但为了避免偏颇，非常适用于风险分析、风险评价。

2.2.2.4 情景分析

1. 概述

情景分析（Scenario Analysis）是指通过假设、预测、模拟等手段，对未来可能发生的各种情景以及各种情景可能产生的影响进行分析的方法。换句话说，情景分析是类似"如果—怎样"的分析方法。未来总是不确定的，而情景分析使我们能够"预见"将来，对未来的不确定性有一个直观的认识。尽管情景分析法无法预测未来各类情景发生的可能性，但可以促使组织考虑哪些情景可能发生（诸如最佳情景、最差情景及期望情景），并且有助于组织提前对未来可能出现的情景进行准备。

2. 用途

情景分析可用来帮助决策并规划未来战略，也可以用来分析现有的活动。它在风险评估过程的三个步骤中都可以发挥作用。

情景分析可用来预计威胁和机遇可能发生的方式，并且适用于各类风险包括长期及短期风险的分析。在周期较短及数据充分的情况下，可以从现有情景中推断出可能出现的情景。对于周期较长或数据不充分的情况，情景分析的有效性更依赖于合乎情理的想象力。

如果积极后果和消极后果的分布存在比较大的差异，情景分析的应用效果会更为显著。

3. 优缺点

优点：尽管每个决策人员都希望情报人员能够预测出唯一准确的结果，但由于当前环境的复杂性，更需要情景分析法对几种可能发生的情况进行预测，并针对每种情景进行提前准备，这样更具客观性。

缺点：在存在较大不确定性的情况下，有些情景可能不够现实。如果将情景分析作为一种决策工具，其危险在于所用情景可能缺乏充分的基础，数据可能具有随机性，同时可能无法发现那些将来可能出现，但目前看起来不切实际的结果。

情景分析考虑到各种可能的未来情况，而这种未来情况更适合于通过使用历史数据，运用基于"高级—中级—低级"的传统方法而进行的预测。在运用情景分析时，主要的难点涉及数据的有效性以及分析师和决策者开发现实情境的能力，这些难点对结果的分析具有修正作用。

4. 与生物安全实验室风险评估的契合点

国家标准《实验室 生物安全通用要求》GB 19489—2008、《生物安全实验室建筑技术规范》GB 50346—2011 和《实验室设备生物安全性能评价技术规范》RB/T 199—2015 三个标准中很多有关检测项目的测试要求，很多操作执行的就是情景分析。如：实验室工况转换（备用排风机切换、备用电源切换、生命支持系统测试、围护结构气密性测试、隔离设备气密性测试等），基本思路是认为模拟各种故障或极端情景，验证实验室是否能够符合标准要求。

2.2.2.5　检查表法

1. 概述

检查表（Check-lists）是一个危险、风险或控制故障的清单，而这些清单通常是凭经验（要么是根据以前的风险评估结果，要么是因为过去的故障）进行编制的。按此表进行检查，以"是/否"进行回答。

2. 用途

检查表法可用来识别危险、风险或者评估控制效果，适用于产品、过程或系统的生命周期的任何阶段。它们可以作为其他风险评估技术的组成部分进行使用。

3. 优缺点

优点：简单明了，非专业人士也可以使用；如果编制精良，可将各种专业知识纳入到便于使用的系统中；有助于确保常见问题不会被遗漏。

缺点：只可以进行定性分析；可能会限制风险识别过程中的想象力；鼓励"在方框内画勾"的习惯；往往基于已观察到的情况，不利于发现以往没有被观察到的问题。

检查表法论证了"已知的已知因素"，而不是"已知的未知因素"或是"未知的未知因素"。

4. 与生物安全实验室风险评估的契合点

生物安全实验室的风险评估内容包括生物因子、实验活动分析、设施设备、自然灾害、火灾等几大类型的风险，涉及微生物学、公共微生物学、建筑学、流体力学、消防等诸多领域，是个典型的跨学科问题，需要组织不同学科专家对上述几大类型风险进行风险评估。检查表法是一种非常简单明了、容易操作的方法，尤其是在风险识别阶段。前提是要做好几大类风险下面的各风险因素清单，清单的给出需要其他风险评估技术，另外风险分析、风险评价也需要其他风险评估技术完成。

2.2.2.6 预先危险分析（PHA）

1. 概述

预先危险分析（Primary Hazard Analysis，PHA）是一种简单易行的归纳分析法，其目标是识别危险以及可能给特定活动、设备或系统带来损害的危险情况及事项。

2. 用途

这是一种在项目设计和开发初期最常用的方法。因为当时有关设计细节或操作程序的信息很少，所以这种方法经常成为进一步研究工作的前奏，同时也为系统设计规范提供必要信息。在分析现有系统，从而将需要进一步分析的危险和风险进行排序时，或是现实环境使更全面的技术无法使用时，这种方法会发挥更大的作用。

对不良事项结果及其可能性可进行定性分析，以识别那些需要进一步评估的风险。若需要，在设计、建造和验收阶段都应展开预先危险分析，以探测新的危险并予以更正。获得的结果可以使用诸如表格和树状图之类的不同形式进行表示。

3. 优缺点

优点：在信息有限时可以使用；可以在系统生命周期的初期考虑风险。

缺点：只能提供初步信息，其不够全面也无法提供有关风险及最佳风险预防措施方面的详细信息。

4. 与生物安全实验室风险评估的契合点

在生物安全实验室设计和建设初期可采用预先危险分析 PHA，对实验室所在园区的供配电系统、给水排水系统、动力系统等进行预先危险分析，对不符合国家标准要求的，给出相应的风险控制措施。如：三级生物安全实验室所在园区只有单路市电供电，则在设计时要考虑配备柴油发电机、UPS 不间断电源等；所在园区没有蒸汽源，则需要考虑供热、蒸汽消毒等是否需要单独配备锅炉等。

2.2.2.7 失效模式和效应分析（FMEA）

1. 概述

失效模式和效应分析（Failure Mode and Effect Analysis，FMEA）是用来识别组件或系统未能达到其设计意图的方法，广泛用于风险分析和风险评价中。FMEA 是一种归纳方法，其特点是从元件的故障开始逐级分析其原因、影响及应采取的应对措施，通过分析系统内部各个组件的失效模式并推断其对于整个系统的影响，考虑如何才能避免或减小损失。

FMEA 用于识别：

（1）系统各部分所有潜在的失效模式（失效模式是被观察到的失误或操作不当）；

（2）这些故障对系统的影响；

（3）故障原因；

（4）如何避免故障及/或减弱故障对系统的影响。

失效模式、效应和危害度分析（Failure Mode and Effect and Criticality Analysis，FMECA）拓展了 FMEA 的使用范围。根据其重要性和危害程度，FMECA 可对每种被识别的失效模式进行排序。如将 FMEA 和 FMECA 联合使用，其应用范围更为广泛。

FMEA 分析通常是定性或半定量的，在可以获得实际故障率数据的情况下也可以定量化。

2. 用途

FMEA 方法大多用于实体系统中的组件故障，但是也可以用来识别人为失效模式及影响。该方法有几种应用：用于部件、产品的设计（或产品）FMEA；用于系统的系统 FMEA；用于制造和组装过程的过程 FMEA；服务 FMEA 和软件 FMEA。

FMEA/FMECA 可以在系统的设计、制造或运行过程中使用。然而，为了提高可靠性，改进在设计阶段更容易实施。FMEA/FMECA 也适用于过程和程序。例如，它被用来识别潜在医疗保健系统中的错误和维修程序中的失败。FMEA 及 FMECA 可以为其他分析技术，例如定性及定量的故障树分析提供输入数据。

FMEA/FMECA 可用来：

（1）协助挑选具有高可靠性的替代性设计方案；

（2）确保所有的失效模式及其对运行成功的影响得到分析；

（3）列出潜在的故障并识别其影响的严重性；

（4）为测试及维修工作的规划提供依据；

（5）为定量的可靠性及可用性分析提供依据。

3. 优缺点

FMEA 与 FMECA 的优点：广泛适用于人力、设备和系统失效模式，以及硬件、软件和程序；识别组件失效模式及其原因和对系统的影响，同时用可读性较强的形式表现出来；通过在设计初期发现问题，从而避免了开支较大的设备改造；识别单点失效模式以及对冗余或安全系统的需要；通过突出计划测试的关键特征，为开发测试计划提供输入数据。

缺点：只能识别单个失效模式，无法同时识别多个失效模式；除非得到充分控制并集中充分精力，否则研究工作既耗时，又开支较大；对于复杂的多层系统来说，这项工作可能既艰难又枯燥。

4. 与生物安全实验室风险评估的契合点

失效模式和效应分析（FMEA）虽然也可以用来识别人为失效模式及影响方法，但大多用于实体系统中的组件故障，即适用于生物安全实验室建筑设施、建筑设备、工艺设备的风险评估，不太适用于生物因子、实验活动等的风险评估。

与"故障树分析"对比，从其工作原理来看，失效模式和效应分析（FMEA）是一种自下而上的风险评估方法，只能识别单个失效模式（如排风高效过滤器泄漏失效后，对系统的影响、风险评价、应对措施等），无法同时识别多个失效模式（如实验室负压丧失，可能由很多原因造成），对于复杂的多层系统来说，这项工作艰难枯燥，而生物安全实验室设施设备（尤其是建筑设施、生命支持系统、活毒废水处理系统、动物残体处理系统等）本身属于复杂系统，用失效模式和效应分析进行风险评估，不如用故障树分析实用，但适用于生物安全柜、动物隔离器这类相对简单的关键防护设备。

2.2.2.8　危险与可操作性分析（HAZOP）

1. 概述

危险与可操作性分析（Hazard and Operability studies，HAZOP）是一种形式结构化

的方法，该方法全面、系统地研究系统中每一个元件，其中重要的参数偏离了指定的设计条件所导致的危险和可操作性问题。HAZOP 的理论依据是"工艺流程的状态参数（如温度、压力、流量等）一旦与设计规定的基准状态发生偏离，就会发生问题或出现危险"。重点分析由管路和每一个设备操作所引发潜在事故的影响，选择相关的参数（如流量、温度、压力、时间等），然后检查每一个参数偏离设计条件的影响。采用经过挑选的关键词表，例如"大于"、"小于"、"部分"等，来描述每一个潜在的偏离。最终应识别出所有的故障原因，得出当前的安全保护装置和安全措施。

HAZOP 是一种对规划或现有产品、过程、程序或体系的结构化及系统分析技术。该技术被广泛应用于识别人员、设备、环境及/或组织目标所面临的风险。分析团队应尽量提供解决方案，以消除风险。HAZOP 过程是一种基于危险和可操作性研究的定性技术，它对设计、过程、程序或系统等各个步骤中，是否能实现设计意图或运行条件的方式提出质疑。该方法通常由一支多专业团队通过多次会议进行。HAZOP 与 FMEA 类似，都用于识别过程、系统或程序的失效模式、失效原因及后果。其不同在于 HAZOP 团队通过考虑当前结果与预期的结果之间的偏差以及所处环境条件等来分析可能的原因和失效模式，而 FMEA 则先确定失效模式，然后才开始。

2. 用途

HAZOP 分析方法特别适合化工、石油化工等生产装置，对处于设计、运行、报废等各阶段的全过程进行危险分析，既适合连续过程也适合间歇过程。近年来，应用范围也在扩大，例如：有关可编程电子系统；有关道路、铁路等运输系统；检查操作顺序和规程；评价工业管理规程；评价特殊系统，如航空、航天、核能、军事设施、火炸药生产和应用系统等；医疗设备；突发事件分析；软件和信息系统危险分析。

3. 优缺点

优点：从工艺参数出发来研究系统中的偏差，运用启发性引导词来研究因温度、压力、流量等状态参数的变动可能引起的各种故障的原因、存在的危险以及采取的对策；HAZOP 分析所研究的状态参数正是操作人员控制的指标，针对性强，利于提高安全操作能力；HAZOP 分析结果既可用于设计的评价，又可用于操作评价；既可用来编制、完善安全规程，又可作为可操作的安全教育材料；HAZOP 分析方法易于掌握，使用引导词进行分析，既可扩大思路，又可避免漫无边际地提出问题。

缺点：HAZOP 分析对人的经验的依赖性非常强，过程对设计人员的专业知识要求很高，专业人员在寻找设计问题的过程中很难保证完全客观。

4. 与生物安全实验室风险评估的契合点

危险与可操作性分析 HAZOP 不适用于生物因子、实验活动等的风险评估，但适用于生物安全实验室设施设备的风险评估，尤其是有关键运行状态参数的设施或设备，如：生物安全实验室的关键状态参数有静压差（要求绝对负压），当实验室负压丧失（即出现偏离设计值的偏差）时，就会出现病原微生物外泄的风险；生物安全柜的关键状态参数有工作窗口气流风速、垂直气流平均风速等。

HAZOP 应用于生物安全实验室设施设备风险评估的前提，是要识别并给出设施设备的关键状态参数指标及基准值，GB 19489—2008、GB 50346—2011、RB/T 199—2015 三个标准对生物安全实验室及关键防护设备的状态参数提出了要求，需要结合其他风险评估技术，识别关键状态参数，分析关键状态参数出现偏差会造成的后果，为实现此目标，故障树分析是较适合的风险评估技术。

2.2.2.9　危害分析与关键控制点法（HACCP）

1. 概述

危害分析与关键控制点法（Hazard Analysis and Critical Control Points，HACCP）作为一种科学、系统的方法，应用在从初级生产至最终消费过程中，为识别过程中各相关部分的风险并采取必要的控制措施提供了一个分析框架，以避免可能出现的危险，维护产品的质量可靠性和安全性。HACCP 的重点在于预防而不是依赖于对最终产品的测试。

2. 用途

20 世纪 60 年代，美国宇航局最早开展了 HACCP 研究，其本意是为了保证太空计划的食品质量。目前，该方法已被广泛应用于食品产业中，在食品生产过程的各个环节识别并采取适当的控制措施，防止来自物理、化学或生物污染物带来的风险。HACCP 也被用于医药生产和医疗器械方面的危害识别、评价和控制方面。目前，HACCP 正逐渐从一种管理手段和方法演变为一种管理模式或者管理体系。

在识别可能影响产品质量的事项以确定过程内关键参数得到监控，危险得到控制的位点时，使用的原则可以推广到其他技术系统中。

3. 优缺点

优点：结构化的过程提供了质量控制以及识别和降低风险的归档证据；重点关注流程中预防危险和控制风险的方法及位置的可行性；鼓励在整个过程中进行风险控制，而不是依靠最终的产品检验；有能力识别由于人为行为带来的危险以及如何在引入点或随后对这些危险进行控制。

缺点：HACCP 要求识别危险、界定它们代表的风险并认识它们作为输入数据的意义，也需要确定相应的控制措施。完成这些工作是为了确定 HACCP 过程中具体的临界控制点及控制参数。同时，还需要其他工具才能实现这个目标。如果等到控制参数超过了规定的限值时才采取行动，可能已经错过最佳控制时机。

4. 与生物安全实验室风险评估的契合点

危害分析与关键控制点法（HACCP）不适用于生物因子、实验活动等的风险评估，但适用于生物安全实验室设施设备的风险评估。当采用该技术对生物安全实验室设施设备进行风险评估时，首先应进行危害分析（识别潜在危害及已有预防性措施），再确定关键控制点、关键限值，这是从整体到局部的思路，可结合头脑风暴法、故障树分析等风险评估技术来完成。

2.2.2.10　结构化假设分析（SWIFT）

1. 概述

最初，结构化假设分析（Structure "What if"，SWIFT）是作为 HAZOP 更简单的替代性方法推出的。它是一种系统的、团队合作式的研究方法，利用了引导员在讨论会上运用的一系列"提示"词或短语来激发参与者识别风险。引导员和团队使用标准的"假定分析"式短语以及提示词来调查正常程序和行为的偏差对某个系统、设备组件、组织或程序产生影响的方式。通常，与 HAZOP 相比，SWIFT 用于某个系统的更多层面，同时其细节要求较低。

2. 用途

SWIFT 的设计初衷是针对化学及石化工厂的危险进行研究。目前该技术广泛用于各种系统、设备组件、程序及组织的风险评估活动中，可用来分析变化的后果以及新产生的风险。

3. 优缺点

优点：广泛用于各种形式的物理设备或系统、情况或环境、组织或活动；对团队的准备工作要求最低；速度较快，同时重大危险及风险在讨论会上很快突显出来；通过这项以"系统为导向"的研究，参与者可以分析系统对偏差的反应，而不只是分析组件故障的后果；可用来识别过程及系统改进的机会，通常可用来识别促进成功可能性的活动；使那些参与现有控制和进一步风险应对行动的人员参与到讨论会中，这样可以增强其责任感；可轻松地建立起风险登记表和风险应对计划。

缺点：要求经验丰富、能力较强、工作效率高的引导员；需要精心的准备，这样才不会浪费讨论会团队的时间；如果讨论会团队缺乏足够经验或是提示系统不够全面，那么有些风险或危险可能就无法识别；可能无法揭示那些复杂、详细或相关的原因。

4. 与生物安全实验室风险评估的契合点

结构化假设分析适用于生物安全实验室各类型的风险评估，但需要注意的是该技术要求经验丰富、能力较强、工作效率高的引导员，要求讨论会团队具有足够经验。

2.2.2.11 风险矩阵

1. 概述

风险矩阵（Risk Matrix）是用于识别风险和对其进行优先排序的有效工具。风险矩阵可以直观地显现组织风险的分布情况，有助于管理者确定风险管理的关键控制点和风险应对方案，如图 2-5 所示。一旦组织的风险被识别以后，就可以依据其对组织目标的影响程度和发生的可能性等维度来绘制风险矩阵。

发生可能性等级	E 极高	Ⅱ	Ⅲ	Ⅲ	Ⅳ	Ⅳ
	D 高	Ⅱ	Ⅱ	Ⅲ	Ⅲ	Ⅳ
	C 中等	Ⅰ	Ⅱ	Ⅱ	Ⅲ	Ⅳ
	B 低	Ⅰ	Ⅱ	Ⅱ	Ⅲ	Ⅲ
	A 极低	Ⅰ	Ⅰ	Ⅱ	Ⅱ	Ⅲ
		1	2	3	4	5
		无关紧要	较小	中等	重要	灾难性
		风险影响程度				
风险等级		Ⅰ—可接受	Ⅱ— 轻微	Ⅲ— 中等	Ⅳ— 重大	

图 2-5 风险矩阵示例

2. 用途

风险矩阵通常作为一种筛查工具用来对风险进行排序，根据其在矩阵中所处的区域，确定哪些风险需要更细致的分析，或是应首先处理哪些风险。

风险矩阵也可以用于帮助在全组织内沟通对风险等级的共同理解。设定风险等级的方法和赋予他们的决策规则应当与组织的风险偏好一致。

3. 优缺点

优点：方法简单，易于使用；显示直观，可将风险很快划分为不同的重要性水平。

缺点：必须设计出适合具体情况的矩阵，因此，很难有一个适用于组织各相关环境的通用系统；很难清晰地界定等级；该方法的主观色彩较强，不同决策者之间的等级划分结果会有明显的差别；无法对风险进行累计叠加（例如，人们无法将一定频率的低风险界定为中级风险）；组合或比较不同类型后果的风险等级是困难的。

4. 与生物安全实验室风险评估的契合点

生物安全实验室的风险评估内容包括生物因子风险、实验活动分析、设施设备风险、自然灾害风险、火灾风险等几大类型的风险，涉及微生物学、公共微生物学、建筑学、流体力学、消防等诸多领域，是个典型的跨学科问题，在组织不同学科专家对上述几大类型风险进行基本风险因素识别以后，需要进行风险分析、风险评价，并最终给出风险应对措施，风险矩阵作为一种筛查工具用来对风险进行排序、分析、评价，是风险评估后两个阶段适用的技术。

2.2.2.12　人因可靠性分析

1. 概述

人因可靠性分析（Human Reliability Analysis，HRA）关注的是人因对系统绩效的影响，可以用来评估人为错误对系统的影响，人因可靠性分析过程如图 2-6 所示。很多过程都有可能出现人为错误，尤其是当操作人员可用的决策时间较短时。问题最终发展到严重地步的可能性或许不大。但是有时人的行为是唯一能避免最初的故障演变成事故的手段。

HRA 的重要性在各种事故中都得到了证明。在这些事故中，人为错误导致了一系列灾难性的事项。有些事故向人们敲响警钟，不要一味进行那些只关注系统软硬件的风险评估。它们证明了忽视人为错误这种诱因发生的可能性是多么危险的事情。

2. 用途

HRA 可进行定性或定量使用。如果定性使用，HRA 可识别潜在的人为错误及其原因，降低人为错误发生的可能性；如果定量使用，HRA 可以为 FTA（故障树）或其他技术的人为故障提供数据。

3. 优缺点

优点：HRA 提供了一种正式机制，将人为错误置于系统相关风险的分析中；对人为错误的正式分析有利于降低错误所致故障的可能性。

缺点：人的复杂性及多变性导致很难确定那些简单的失效模式及概率；很多人为活动缺乏简单的通过/失败模式，HRA 较难处理由于质量或决策不当造成的局部故障或失效。

4. 与生物安全实验室风险评估的契合点

生物安全实验室风险来源有很大一部分是人员操作活动（如菌毒种和样品接受、操

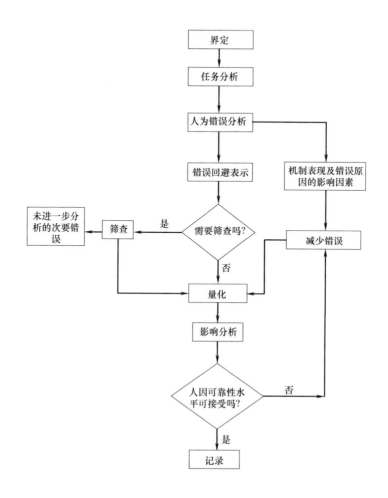

图 2-6　人因可靠性分析过程

作、转运、保存、销毁等），针对不同的病原微生物操作，需要有不同的操作规程和生物安全防护要求，考虑的就是人因可靠性分析问题。

2.2.2.13　以可靠性为中心的维修

1. 概述

以可靠性为中心的维修（Reliability Centred Maintenance，RCM）是一种识别并确定故障管理策略的方法，目的是高效、有效地实现各类设备必要的安全性、可用性及运行经济性。

现在，RCM 已成为广泛用于各行业并经过验证而被普遍接受的方法。

RCM 提供了一种决策过程，可以根据设备的安全、运行及经济结果，识别出设备适用且有效的预防性维修要求和退出机制。结束这个过程后，最终可以对执行维修任务或采取其他操作的必要性做出判断。关于使用和应用 RCM 的详细说明可参考 IEC60300-3-11。

以可靠性为中心的维修（RCM）是目前国际上通用的、流行的用以确定设备预防性维修需求、优化维修制度的一种系统工程方法。按国家军用标准《装备预防性维修大纲的制定要求与方法》GJB 1378—92，RCM 定义为："按照以最少的资源消耗保持装备固有可靠性和安全性的原则，应用逻辑决断的方法确定装备预防性维修要求的过程或方法"。

基本思路是：对系统进行功能与故障分析，明确系统内各故障后果；用规范化的逻辑决断程序，确定各故障后果的预防性对策；通过现场故障数据统计、专家评估、定量化建模等手段在保证安全性和完好性的前提下，以最小的维修停机损失和最小的维修资源消耗为目标，优化系统的维修策略。

2. 用途

一切任务都离不开人员及环境安全，也离不开运行及经济问题。但是，应该注意的是，考虑的标准将取决于产品的性质及其应用。例如，生产过程在经济上应具有可行性，并且可能对严格的环境因素比较敏感。防护设备则首先应该保证正常运行，而在安全、经济及环境标准方面可能不够严格。通过重点分析故障可能产生严重的安全、环境、经济或运行影响的方面，有利于获得最大的成效。

RCM 用来确保可维护性，主要用于设计和开发阶段，然后在运行和维修阶段实施。

3. 与生物安全实验室风险评估的契合点

《实验室 生物安全通用要求》GB 19489—2008、《生物安全实验室建筑技术规范》GB 50346—2011 和《实验室设备生物安全性能评价技术规范》RB/T 199—2015 三个标准中很多有关年度检测（或定期检测）项目的测试要求，出发点就是"以可靠性为中心的维修"。如：备用排风机切换、备用电源切换、生命支持系统测试、围护结构气密性测试、隔离设备气密性测试、排风高效过滤单元的检漏及气密性测试等，其宗旨是对这些核心功能与故障，保持状况监控、确认等。

2.2.2.14 压力测试

1. 概述

压力测试是指在极端情境下（例如最不利的情形），评估系统运行的有效性，及时发现问题和制定改进措施，目的是防止出现重大损失事件。

针对某一风险管理模型或内控流程，假设可能会发生哪些极端情景。极端情景是指在非正常情况下，发生概率很小，而一旦发生，后果十分严重的事情。假设极端情景时，不仅要考虑本单位或同类单位出现过的历史教训，还要考虑以往不曾出现但将来可能会出现的情形。评估极端情景发生时，该风险管理模型或内控流程是否有效，并分析对目标可能造成的损失。制定相应措施，进一步修改和完善风险管理模型或内控流程。实施压力测试，一般需要借助敏感性分析、情景分析、头脑风暴法等工具辅助进行。

2. 用途

压力测试广泛应用于各行业的风险评估中，尤其常见于金融、软件等行业。

3. 优缺点

关注非正常情况下的风险情形，是普通风险评估方法的有益补充；考虑不同风险之间的相互关系；加强对极端情形与潜在危机的认识，预防重大风险的发生。压力测试不能取代一般的风险管理工具，频繁地进行压力测试并不能解决组织日常的风险管理问题。此外，压力测试的效果取决于使用者是否可以构造合理、清晰、全面的情景。

4. 与生物安全实验室风险评估的契合点

《实验室 生物安全通用要求》GB 19489—2008、《生物安全实验室建筑技术规范》

GB 50346—2011 和《实验室设备生物安全性能评价技术规范》RB/T 199—2015 三个标准中很多有关检测项目的测试要求，执行的就是压力测试。如：实验室工况转换（备用排风机切换、备用电源切换、生命支持系统测试、围护结构气密性测试、隔离设备气密性测试等），操作思路是模拟各种故障或极端情景，验证实验室是否能够符合标准要求。

2.2.2.15 保护层分析

1. 概述

保护层分析法（Layer Protection Analysis，LOPA）是由事件树分析发展而来的一种风险分析技术，作为辨识和评估风险的半定量工具，是沟通定性分析和定量分析的重要桥梁与纽带，保护层分析设计示例如图 2-7 所示。所以在工业实践中一般在定性的危害分析如 HAZOP、检查表等完成之后，对得到的结果中过于复杂的、过于危险的以及提出了 SIS 要求的部分进行 LOPA，如果结果仍不足以支持最终的决策，则会进一步考虑如 QRA 等定量分析方法。

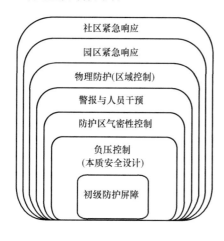

图 2-7 生物安全实验室保护层分析设计

保护层是一类安全保护措施，它是能有效阻止始发事件演变为事故的设备、系统或者动作。兼具独立性、有效性和可审计性的保护层称为独立保护层（Independent Protection Layer，IPL），它既独立于始发事件，也独立于其他独立保护层。正确识别和选取独立保护层是完成 LOPA 分析的重点内容之一。典型化工装置的独立保护层呈"洋葱"形分布，从内到外一般设计为：过程设计、基本过程控制系统、警报与人员干预、安全仪表系统、物理防护、释放后物理防护、工厂紧急响应以及社区应急响应等。

2. 用途

保护层分析（LOPA）用于确定发现的危险场景的危险程度，定量计算危害发生的概率，已有保护层的保护能力及失效概率，如果发现保护措施不足，可以推算出需要的保护措施的等级。LOPA 典型的应用是在执行了 PHA 之后，以 PHA 的信息为基础进一步考虑安全设计问题。

3. 优缺点

LOPA 先分析未采取独立保护层之前的风险水平，通过参照一定的风险容许准则，再评估各种独立保护层将风险降低的程度，其基本特点是基于事故场景进行风险研究。

优点：与故障树分析或全面定量风险评估相比，它需要更少的时间和资源，但是比定性主观判断更为严格；它有助于识别并将资源集中在最关键的保护层上；它识别了那些缺乏充分安全措施的运行、系统及过程；它关注最严重的结果。

缺点：LOPA 每次只能分析一个因果对和一个情景，并没有涉及风险或控制措施之间的相互影响；量化的风险可能没有考虑到普通模式的失效；LOPA 并不适用于很复杂的情景，也就是有很多因果对或有各种结果会影响不同利益相关方的情景。

4. 与生物安全实验室风险评估的契合点

国家标准《实验室 生物安全通用要求》GB 19489—2008 和《生物安全实验室建筑技术规范》GB 50346-2011 两项国家标准有关生物安全设施设备的防护设计，其实是与保护层分析理念相同的，生物安全实验室设施设备的保护层分析如图 2-7 所示，这些是在设计和建设初期应考虑的。但由于 LOPA 每次只能分析一个因果对和一个情景，并没有涉及风险或控制措施之间的相互影响，不适用于很复杂的情景，对生物安全实验室运行维护阶段的风险评估，并不是很适用的技术。

2.2.2.16　风险指数

风险指数（Risk Indices）是对风险的半定量测评，是利用顺序尺度的记分法得出的估算值。尽管是风险评估的组成部分，但主要用于风险分析。尽管可以获得量化的结果，但风险指数本质上还是一种对风险进行分级和比较的定性方法。风险指数可作为一种范围划定工具用于各种类型的风险，以根据风险水平划分风险。

风险指数分析要求很好地了解风险的各种来源、可能的路径以及可能影响到的方面，像故障树分析、事件树分析以及通用决策分析这样的工具可以用来支持风险指数的开发，风险指数分析的输出结果是风险值，这一点可能会被误解和误用。

我国生物安全实验室的建设、正规化管理和运行是近十年的事情，目前仍然缺乏实验室事故与故障相关联方面的统计数据，类似风险指数分析需要打分的方法，目前来看操作起来仍有一定难度，在风险分析方面，不如风险矩阵使用方便。现阶段风险指数分析不太适用于生物安全实验室的风险评估分析，在此不再赘述。

2.2.2.17　故障树分析

1. 概述

故障树（Fault Tree Analysis，FTA）是用来识别并分析造成特定不良事件（称作顶事件）的可能因素的技术。造成故障的原因可通过归纳法进行识别，也可以将特定事故与各层原因之间用逻辑门符号连接起来并用树形图进行标示。树形图描述了原因及其与重大事件的逻辑关系。

故障树中识别的因素可以是与组件硬件故障、人为错误或其他引起不良事项的相关事项。

2. 用途

故障树可以用来对故障（顶事件）的潜在原因及途径进行定性分析，也可以在掌握原因事项概率的相关数据后，定量计算重大事件的发生概率。图 2-8 是故障树在生物安全实验室应用示例。

从图 2-8 可以看出：故障树分析采取树形图的形式，把系统的故障与组成系统部件的故障有机地结合在一起。故障树首先以系统不希望发生的事件作为目标（称为顶事件），然后，按照演绎分析的原则，从顶事件逐级向下分析各自的直接原因事件，直至所要求的分析深度。执行故障树分析，首先需要故障树建模。故障树建模，就是寻找所研究系统故障和导致系统故障的诸因素之间的逻辑关系，并且用故障树的逻辑符号（事件符号与逻辑门符号），抽象表示实际故障和传递的逻辑关系。

故障树可以在系统的设计阶段使用，以识别故障的潜在原因并在不同的设计方案中进行选择；也可以在运行阶段使用，以识别重大故障发生的方式和导致重大事件不同路径的

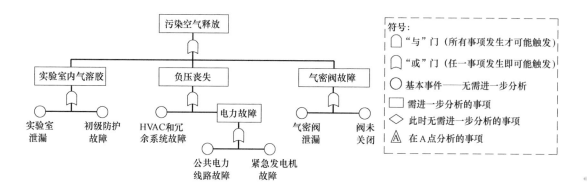

图 2-8　病原微生物经污染空气释放泄漏的故障树逻辑示例

相对重要性；故障树还可以用来分析已出现的故障，以便通过图形来显示不同事项如何共同作用造成故障。

3. 优缺点

故障树分析法具有很大的灵活性，不仅可对系统可靠性作一般分析，而且可以分析系统的各种故障状态；不仅可以分析某些中间故障对系统的影响，还可以对导致这些中间故障的子故障进行细分；故障树分析的过程是对系统深入认识的过程，它要求分析人员要把握系统的内在联系，弄清各种潜在因素对故障发生影响的途径和程度，以便在分析过程中发现并及时解决问题，从而提高系统可靠性。

概括地说，故障树分析法的优点是能够实现快速诊断与评估；知识库很容易动态修改，并能保持一致性；概率推理可在一定程度上被用于选择规则的搜寻通道，提高评估效率；诊断技术与领域无关，只要相应的故障树给定，就可以实现诊断。缺点是由于故障树是建立在元件联系和故障模式分析的基础之上的，因此无法对不可预知的风险进行评估；评估结果依赖故障树信息的完全程度。

2.2.2.18　事件树分析

1. 概述

事件树（Event Tree Analysis，ETA）着眼于事故的起因，即初因事件。事件树从事件的起始状态出发，按照一定的顺序，分析起因事件可能导致的各种序列的结果，从而定性或定量的评价系统的特性。由于该方法中事件的序列是以树图的形式表示，故称事件树，图 2-9 显示了一个事件树的简单示例。ETA 具有散开的树形结构，考虑到其他系统、功能或障碍，ETA 能够反映出引起初始事件加剧或缓解的事件。

2. 用途

ETA 分析适用于多环节事件或多重保护系统的风险分析和评价，既可用于定性分析，也可用于定量分析。ETA 可以用于产品或过程生命周期的任何阶段。它可以进行定性使用，有利于群体对初因事件之后可能出现的情景进行集思广益，同时就各种处理方法、障碍或旨在缓解不良结果的控制手段对结果的影响方式提出各种看法。定量分析有利于分析控制措施的可接受性。这种分析大都用于拥有多项安全措施的失效模式。

3. 优缺点

优点：ETA 用简单图示方法给出初因事项之后的全部潜在情景；它能说明时机、依

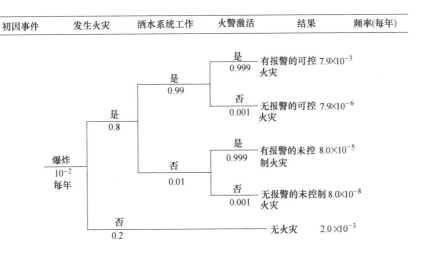

初因事件	发生火灾	洒水系统工作	火警激活	结果	频率(每年)

图 2-9　事件树应用示例

赖性，以及故障树模型中很繁琐的多米诺效应；它生动地体现事件的发展顺序，而使用故障树是不可能表现的。

缺点：为了将 ETA 作为综合评估的组成部分，一切潜在的初因事项都要进行识别。这可能需要使用其他分析方法（如 HAZOP，PHA），但总是有可能错过一些重要的初因事项；事件树只分析了某个系统的成功及故障状况，很难将延迟成功或恢复事项纳入其中；任何路径都取决于路径上以前分支点处发生的事项，因此要分析各可能路径上众多从属因素，然而人们可能会忽视某些从属因素，例如通用组件、共用系统以及操作人员等，如果不认真处理这些从属因素，就会导致风险评估过于乐观。

2.2.2.19　因果分析

1. 概述

因果分析（Cause and Consequence Analysis，CCA）综合了故障树分析和事件树分析，它开始于关键事件，同时通过结合"是/否"逻辑来分析结果。可识别出所有相关的原因和潜在结果，包括故障可能发生的条件，或者旨在减轻初始事件后果的系统失效。因果分析可应用于产品或系统生命周期的任何阶段；可以定性使用，也可用作定量分析。

最初，因果分析是作为关键安全系统的可靠性工具而开发出来的，可以让人们更全面地认识系统故障。类似于故障树分析，它用来表示造成关键事件的故障逻辑，但是，通过对时序故障的分析，它比故障树的功能更强大。这种方法可以将时间滞延因素纳入到结果分析中，而这在事件树分析中是办不到的。图 2-10 给出了因果分析应用示例。

2. 用途

因果分析方法可分析某个系统在关键事件之后可能的各种路径。如果进行量化，该方法可估算出某个关键事件过后各种不同结果发生的概率。由于因果图中的每个序列是子故障树的结合，因果分析可作为一种建立大故障树的工具。

由于图形的制作和使用比较复杂，因此只有故障的潜在结果相当严重，有必要投入很大精力时，人们才会使用图形。

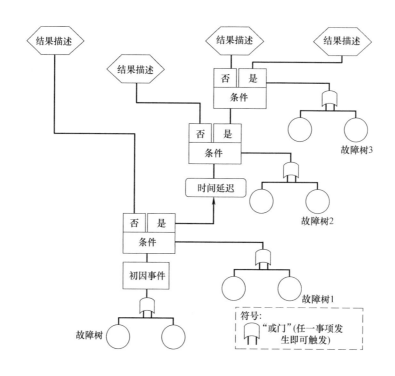

图 2-10　因果分析示例

3. 特点

因果分析的优点相当于事件树及故障树的综合优点。而且，由于其可以分析随时间发展变化的事项，因果分析克服了事件树及故障树的局限，提供了系统的全面视角。

缺点是该方法的建构过程要比故障树和事件树更为复杂，同时在定量过程中必须处理依存关系。

2.2.2.20　其他风险评估技术

1. 业务影响分析

业务影响分析（Business Impact Analysis），也称作业务影响评估（Business Impact Assessment），分析了干扰性风险对组织运营的影响方式，同时识别并量化了必要的风险管理能力，主要用于组织运营分析，不适用于生物安全实验室的风险评估分析，在此不再赘述。

2. 潜在通路分析

在 20 世纪 60 年代后期，潜在通路分析（Sneak Circuit Analysis）为美国航空航天局（NASA）开发，以核实它们设计的完整性及功能。潜在通路分析是一种发现非故意电路路径的有效工具，有利于设计将各功能独立处理的解决方案。潜在分析是用来描述潜在通路分析扩大范围的术语，潜在分析工具可以将几种分析工具（如故障树、失效模式和效应分析等）整合到一项分析中，以节省时间和成本。潜在通路分析仅适用于风险识别，不适用于风险评估的其他阶段，在风险识别上依赖于建立正确的网络树，或借助其他分析工具

（如故障树）。主要用于识别系统设计错误，不适用于生物安全实验室的风险评估分析，在此不再赘述。

3. 根原因分析

为了避免重大损失的再次发生，对重大损失进行的分析通常称作根原因分析（Root Cause Analysis，RCA）或者损失分析（Loss Analysis）。RCA 试图识别事故的根本或最初原因，而不是仅仅处理非常明显的表明"症状"。RCA 适用于各种环境，拥有广泛的使用范围：安全型 RCA 用于事故调查和职业健康及安全；故障分析 RCA 用于与可靠性及维修有关的技术系统；生产性 RCA 用于工业制造的质量控制领域；过程性 RCA 关注的是经营过程；作为上述领域的综合体，系统型 RCA 主要用于处理复杂系统的变革管理、风险管理及系统分析。

4. 决策树分析

考虑到不确定性结果，决策树以序列方式表示决策的选择和结果，并用树形图的形式进行表示。类似于事件树，决策树开始于初因事项或是最初决策，考虑随后可能发生的事项及可能做出的决策，它需要对不同路径和结果进行分析。决策树可用于项目风险管理和其他环境中，以便在不确定的情况下选择最佳的行动步骤。图形显示也有助于决策依据的快速沟通。

5. 蝶形图分析

蝶形图分析（Bow Tie Analysis）是一种简单的图解形式，用来描述并分析某个风险从原因到结果的路径。该方法可被视为分析事项起因（由蝶形图的结代表）的故障树和分析事项结果的事件树的统一体。但是，蝶形图的关注重点是在风险形成路径上存在哪些预防措施及其实际效果。在建构蝶形图时，首先要从故障树和事件树入手，但是，这种图形大都在头脑风暴式的讨论会上直接绘制出来。

6. 层次分析法

在进行社会、经济以及科学领域问题的系统分析中，常常面临由相互关联、相互制约的众多因素构成的复杂而往往缺少定量数据的系统。层次分析法（Analytic Hierarchy Process，AHP）为这类问题的决策和排序提供了一种新的、简洁而实用的建模方法，它特别适用于那些难于完全定量分析的问题。

7. 三种适用于金融领域的风险评估技术

在险值法（Value at Risk，VaR），被称为"风险价值"或"在险价值"，是指在一定的置信水平下，某一金融资产（或证券组合）在未来特定的一段时间内的最大可能损失，多用于金融投资、企业运营等领域。

均值—方差模型（Mean-Variance Model）是组合投资理论研究和实际应用的基础，常用于实际的证券投资和资产组合决策。

资本资产定价模型（Capital Asset Pricing Model，CAPM）是在投资组合理论和资本市场理论的基础上发展起来的，主要研究证券市场中资产的预期收益率与风险资产之间的关系，以及均衡价格是如何形成的。

8. 四种定量化风险评估技术

FN 曲线（FN Curves）：表示的是人群中有 N 个或更多的人受到影响的累积频率（F）。FN 曲线最初用于核电站的风险评价中，其采用死亡人数 N 与事故发生频率 F 之间关系的图形来表示，目前广泛用于社会风险接受准则的制定。在大多数情况下，它们指的是出现一定数量伤亡出现的频率。

马尔可夫分析（Markov analysis）：通常用来分析那些存在时序关系的各类状况的发生概率。该方法可用于生产现场危险状态、市场变化情况的预测，但是不适宜于系统的中长期预测。通过运用更高层次的马尔可夫链，这种方法可拓展到更复杂的系统中。马尔可夫分析是一项定量技术，可以是不连续的（利用状态间变化的概率）或者连续的（利用各状态的变化率）。

蒙特卡罗模拟方法（Monte Carlo Simulation）：又称随机模拟法，广泛应用于各种领域的风险，是预测和估算失事概率常用的方法之一。通常用来评估各种可能结果的分布及值的频率，例如成本、周期、吞吐量、需求及类似的定量指标，其应用范围包括财务预测、投资效益、项目成本及进度预测、业务过程中断、人员需求等领域的风险评估。蒙特卡罗模拟法可以用于两种不同用途：传统解析模型的不确定性的分布；解析技术不能解决问题时进行概率计算。

贝叶斯分析：贝叶斯统计学是由英国学者贝叶斯提出的一种系统的统计推断方法，其前提是任何已知信息（先验）可以与随后的测量数据（后验）相结合，在此基础上去推断事件的概率。贝叶斯网络对于解决复杂系统中不确定性和关联性引起的故障有较大优势，由此在多个领域中获得广泛应用（医学诊断、图像仿真、基因学、语音识别、经济学、外层空间探索，以及今天使用的强大的网络搜索引擎）。

2.3 实验室风险评估步骤

2.3.1 实验室风险识别

生物安全实验室设施设备风险识别的关键在于参与人员的经验、知识水平、对生物安全实验室设施设备的了解程度、风险源的特性和信息的全面性。

首先要做的是对设施设备的设计、选型文件、施工信息等进行收集、分析和整理，结合前人经验和教训，要十分了解实验室设施设备、涉及的实验活动和人员能力。根据实验室各自的特点，制定并不断完善"风险源清单"（见本书第 7 章）是十分有助于风险识别的做法。但随着实验室风险管理体系运行经验的积累，风险清单应越来越接近实际情况、越来越实用。

相关的和最新的信息对识别风险是很重要的，应尽可能包括有用的背景信息。除了识别可能发生的事件，还必须考虑其可能的原因和后果，所有重要原因都应当考虑。应随时关注新近发生的事件，随时作为风险评估的信息输入。

2.3.2 实验室风险分析

2.3.2.1 概述

风险涉及事件发生的频率和其后果的严重程度，若想精确计算风险，特别是生物安全风险，是相当困难的。依据风险类型、分析的目的、可获得的信息数据和资源，风险分析可以有不同的详细程度。实际上，从风险管理的有效性和成本看，风险分析越准确，后续措施就会越有针对性，成本就会降低，风险管理的有效性就会提高。但是，对于一些控制措施简单、单一或代价很低的风险的管理，过于追求风险分析的精确性也是不必要的。

常用的风险分析方法从大的概念上可简单分为基于知识（knowledge-based）的分析方法和基于模型（model-based）的分析方法，定性（qualitative）分析和定量（quantitative）分析方法，很多分析技术已被结构化或半结构化。一些常用的风险分析技术参见本书第 2 章，具体采用何种分析方法或如何组合使用，基本取决于风险的特性、对风险的了解程度和控制要求。

目前来看，在生物安全实验室风险评估领域，定量风险分析是相当困难的，主要以基于知识的分析方法和定性分析为主。基于知识的分析方法实质上是对经验和历史数据进行分析，实验室需要通过各种途径获取信息和数据，通过识别实验室存在的风险源和已有的安全措施，与国际、国家、地方等相关的规定进行比较，识别出不符合之处，并按照标准或"惯例"要求，采取安全措施，最终达到降低和控制风险的目的。定性分析方法是凭借分析者的知识、经验和直觉，为事件发生的概率和后果的大小或高低程度进行定性和分级，确定风险水平。

2.3.2.2　风险水平确定方法

风险水平（level of risk）是指结合事件发生的可能性及其后果表示的风险量值。应采用适当的方法确定事件发生的可能性和后果严重性，判断事件对评估对象的影响，即风险。

1. 风险水平计算公式

风险水平按以下公式计算风险：

$$R = f(P, S) \tag{2-1}$$

式中　R——表示风险水平（Risk）；

f——表示风险的计算函数；

P——表示事件发生的可能性（Probability）；

S——表示事件后果的严重性（Severity）。

常用公式：

（1）风险等级公式

$$R = P \times S \tag{2-2}$$

（2）定性评级公式

$$RPR = P \times S \times D \tag{2-3}$$

式中　RPR——表示风险优先等级（Risk Priority Ranking）；

D——表示可检测性（detectability）。

（3）定量评级公式

$$RPN = P \times S \times D \tag{2-4}$$

式中　RPN——表示风险优先数量等级（Risk Priority Number）。

基于风险的方法、计算风险的参数如图 2-11、图 2-12 所示。

2. 风险水平确定方法

风险水平确定方法如图 2-13 所示。

（1）数据充足时

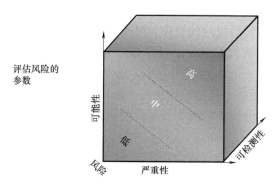

图 2-11　基于风险的方法

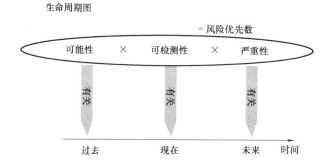

图 2-12　计算风险的参数

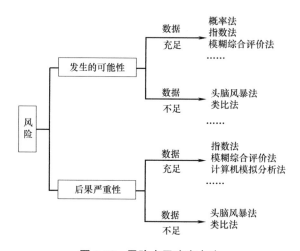

图 2-13　风险水平确定方法

　　事件发生的可能性及后果的严重性应根据相关数据，采用概率法、指数法等定量方法进行确定。根据计算出的事件发生的可能性以及后果严重性，直接计算风险水平，这是生物安全实验室风险评估未来的发展趋势。

　　（2）数据不足时

　　事件发生的可能性及后果的严重性宜采用定性或半定量的方法进行确定。事件发生可能性和后果严重性的度量可参照表 2-1、表 2-2，这是生物安全实验室风险评估现阶段实际情况,即缺少事故数据的积累,目前定量分析仍有一定难度,需进行定性或半定量的方法进行分析。

风险可能性属性的度量 表 2-1

级别	说 明	描 述
A	基本不可能发生	评估范围内未发生过,类似区域/行业也极少发生
B	较不可能发生	评估范围内未发生过,类似区域/行业偶有发生
C	可能发生	评估范围内发生过,类似区域/行业也偶有发生;评估范围未发生过,但类似区域/行业发生频率较高
D	很可能发生	评估范围内发生频率较高
E	肯定发生	评估范围内发生频率极高

风险后果属性的度量 表 2-2

级别	说 明	描 述
1	影响很小	基本没有影响,不会造成不良的社会舆论影响
2	影响一般	发生病原微生物泄漏,现场处理(第一时间救助)可以立刻缓解事故,中度财产损失,有较小的社会舆论影响
3	影响较大	发生病原微生物泄漏,实验室人员感染,需要外部援救才能缓解,引起较大财产损失或赔偿支付,在一定范围内造成不良的舆论影响
4	影响重大	发生病原微生物泄漏、实验室外少量人员感染,造成严重财产损失,造成恶劣的社会舆论影响
5	影响特别重大	病原微生物外泄至周围环境,造成大量社会人员感染伤亡、巨大财产损失,造成极其恶劣的社会舆论影响

注:本表有关风险后果属性的度量仅供参考,可通过头脑风暴法、德尔菲法研究确定。

2.3.2.3 确定风险等级

1. 数据充足时

将计算出的风险水平与风险准则进行比较,确定风险等级。风险等级宜划分为低、中、高、极高四个级别。

2. 数据不足时

根据风险分析过程中推断出的事件发生的可能性以及后果严重性,采用风险矩阵法,确定风险等级。风险矩阵法把风险分成可能性和严重度两个方面。把风险发生可能性的高低、风险发生后对主体目标的影响程度,作为两个维度绘制在同一个平面上,称之为风险矩阵。风险矩阵见表 2-3。

风险矩阵——风险等级 表 2-3

风险等级		后果				
		1	2	3	4	5
可能性	A	低	低	低	中	中
	B	低	低	中	中	高
	C	低	中	中	高	极高
	D	中	中	高	高	极高
	E	中	高	高	极高	极高

图例:□低风险　■中风险　■高风险　■极高风险

2.3.3 实验室风险评价

风险识别和风险分析的目标是要回答以下三个问题：会有什么问题发生？发生的概率有多大？如果发生，后果是什么？在很多情况下风险是不可避免的，为了追求收益（如研究成果）或更大的利润（如整体利益），一般不需要消除所有的风险或消除所有的风险是不现实的。风险评价需要回答的问题是：风险是否低至可以忽略？是否不再有任何理由去考虑风险或者风险已降到合理可行的低水平？是否所有的风险都是可以接受的？

风险评价的关键是确定风险准则（risk criteria，评估风险等级时与之对照的参考基准），通常要基于法律、法规、标准、惯例、相关方的承受能力等确定风险准则。风险评价的目的就是要做出决策——哪些风险是可以接受的？哪些事需要处理的问题？优先方案是什么？

2.3.3.1 基本要求

风险评价应将风险分析过程中得出的风险水平与预先设定的风险准则进行比较，确定风险等级（risk rating，基于风险水平划分的风险级别），并对各种风险进行综合排序，为进一步的决策提供依据。

2.3.3.2 判定风险结果

低、中、高、极高四级风险宜对应可容许、不可容许两个层次。评估方根据自身实际情况判定风险是否可容许。当风险可容许时，应保持已有的安全措施；当风险不可容许时，应采取安全措施以降低、控制或转移风险。

2.3.4 关键风险指标管理

一项风险事件的发生可能有多种成因，但关键成因往往只有几种。关键风险指标管理是对引起风险事件发生的关键成因指标进行管理的方法。

（1）分析风险成因，找出关键成因。

（2）将关键成因量化，分析确定导致风险事件发生时该成因的具体数值。

（3）以该具体数值为基础，以发出风险预警信息为目的，加上或减去一定数值后形成新的数值，该数值即为关键风险指标。

（4）建立风险预警系统，即当关键成因数值达到关键风险指标时，发出风险预警信息。

（5）制定出现风险预警信息时应采取的风险控制措施。

（6）跟踪监测关键成因数值的变化，一旦出现预警，实施风险控制措施。

2.4 风险控制

2.4.1 概述

风险控制流程示意图如图 2-14 所示。风险控制包括做出的降低风险或接受风险的决定。风险控制的目的是将风险降低至可接受水平。对风险控制所做的努力应与该风险的严重性相适应。决策制订者可采用不同的方法，包括利益—成本分析，以判断风险控制的最佳水平。风险控制重点反映在以下几个问题上：

（1）风险是否在可接受的水平以上？

（2）可以采取什么样的措施来降低、控制或消除风险？

（3）在利益、风险和资源间合适的平衡点是什么？

（4）在控制已经识别的风险时是否会产生新的风险，新的风险是否处于受控状态？

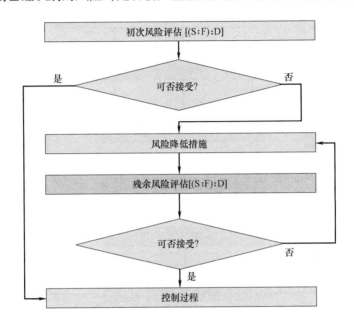

图 2-14　风险控制流程示意图

2.4.2　风险降低与接受

风险降低：当风险超过了可接受的水平时，应采取措施降低或避免危害发生的严重性和可能性，或者提高发现质量风险的能力（可检测性）。在实施风险降低过程中有可能引入新的风险，新的风险应得到评估和控制。

风险接受：接受风险的决定。即使是最好的质量管理措施，某些损害的风险也不会完全被消除。在这些情况下，可以认为已经采用了最佳的质量风险管理策略，质量风险已降低到可接受水平。该水平将依赖于许多参数，应根据具体问题具体分析。

剩余风险：通过风险处理后仍存在的风险；剩余风险包括未识别的风险；剩余风险也可以成为残留风险。

2.4.3　风险处置过程

风险处置过程如图 2-15 所示。

1. 回避风险

任何组织应对风险的对策，首先考虑到的是避免风险，尤其是对静态风险尽可能予以避免。凡风险所造成的损失不能由该项目可能获得利润予以抵消时，回避风险是最可行的

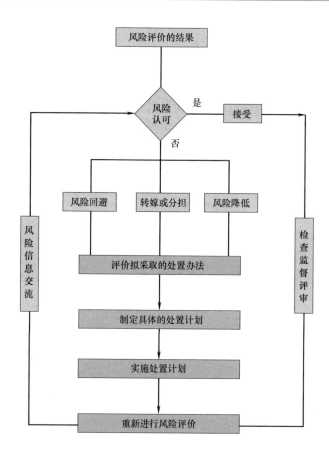

图 2-15 风险处置过程示意图

简单方法。

局限性：只有在风险可以避免的情况下，避免风险才有效果；有些风险无法回避；有些风险可能回避但成本过大；消极地回避风险，只能使企业安于现状，不求进取。

避免风险的方法还可以分为完全避免和部分避免两种。完全避免，就要不惜放弃伴随风险而来的盈利机会。部分避免，主要取决于成本因素和非经济因素。如果避免收益大于避免成本，就可以考虑避免，否则可以不要避免。

在采取部分避免风险时，往往还有两种战略：进攻性战略，即在高收益和低风险"替代选择"中，挑选高收益而不顾忌风险；防守战略，即在高收益和低风险的"替代选择"中，挑选低风险而不在乎收益。

2. 风险控制

组织在风险不能避免或在从事某项经济活动势必面临某些风险时，首先想到的是如何控制风险发生、减少风险发生，或如何减少风险发生后所造成的损失，即为控制风险预防和抑制风险。

控制风险主要有两方面意思：一是控制风险因素，减少风险的发生；二是控制风险发生的频率和降低风险损害程度。

2.5　监督和检查

监督和检查活动包括常规检查、定期或随机的检查。风险监控可以借助计算机技术和组织现有的一些数据库、平台等。监督和检查过程应当涵盖风险管理过程的所有方面：

（1）监测事件，分析变化及其趋势并从中吸取教训。

（2）发现内部和外部环境信息的变化，包括风险本身的变化、可能导致的风险应对措施及其实施优先次序的改变。

（3）风险处置过程（监督并记录风险应对措施实施后的剩余风险，以便在适当时做进一步处理）。

（4）对照风险应对计划，检查工作进度和与计划的偏差，保证风险应对措施的设计和执行有效。

（5）报告关于风险、风险应对计划的进度和风险管理方针的遵循情况。

2.6　沟通与协商

实验室内外部沟通与协商发生于实验室风险管理的全过程，对实验室风险承担责任的人员，应该确保就实验室风险的信息及时地与相关方面进行了沟通。协商与沟通应包括：

（1）联系适当的外部利益相关者和保证有效的信息交换；

（2）符合法律、规定和标准要求的对外报告；

（3）提供沟通和协商的反馈和报告；

（4）在发生危机和紧急形势时与利益相关者沟通。

2.7　风险管控与管理体系改进

风险管控结果改进管理体系如图 2-16 所示。

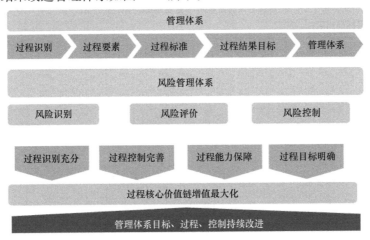

图 2-16　风险管控结果改进管理体系

2.8 小结

本章对实验室风险管理、常用的风险评估技术、风险评估过程进行了简介。在实践中，由于实验室的差异、人员对风险评估的了解程度不同、没有统一的风险评估方法等，导致了风险评估活动的复杂及详细程度不一。风险评估的目的对于使用的方法有直接影响，风险识别、发生概率、风险等级评估、后果分析、风险评价等可能需要不同的方法或综合使用多种方法评估。需要注意的是，风险评估的结果具有不确定性，这是其本质。不确定性是实验室内外部环境中必然存在的情况，不确定性也可能来源于数据的质量和数量。可利用的数据未必能为评估未来的风险提供可靠的依据，某些风险可能缺少历史数据，或是不同利益相关者对现有数据有不同的解释。进行风险评估的人员应理解不确定性的类型及性质，同时认识到风险评估结果可靠性的重大意义，并向决策者说明其科学含义。

本章参考文献

［1］ 全国风险管理标准化技术委员会. 风险管理　原则与实施指南 .GB/T 24353—2009 ［S］. 北京：中国标准出版社，2009.

［2］ 中国标准化研究院 等. 风险管理　风险评估技术. GB/T 27921—2011 ［S］. 北京：中国标准出版社，2011.

［3］ 国家信息中心 等 . 信息安全技术　信息安全风险评估规范. GB/T 20984—2007 ［S］. 北京：中国标准出版社，2007.

［4］ 中国标准化研究院 等. 风险管理　术语. GB/T 23694—2013 ［S］. 北京：中国标准出版社，2013.

［5］ 中国合格评定国家认可中心，国家质量监督检验检疫总局科技司 等. 实验室生物安全通用要求. GB 19489—2008 ［S］. 北京：中国标准出版社，2008.

［6］ 中国建筑科学研究院 . 生物安全实验室建筑技术规范. GB 50346—2011 ［S］. 北京：中国建筑工业出版社，2012.

［7］ 中国国家认证认可监管管理委员会. 实验室设备生物安全性能评价技术规范. RB/T 199—2015 ［S］. 北京：中国标准出版社，2016.

［8］ 中国合格评定国家认可中心. 生物安全实验室认可与管理基础知识——风险评估技术指南 ［M］. 北京：中国质检出版社/中国标准出版社，2012.

第3章 生物安全实验室适用风险评估技术

3.1 概述

生物安全实验室是用于科研、临床、生产中开展有关内源性和外源性病原微生物工作的场所，在这种生物安全实验室内所操作的病原微生物可能会引起暴露性感染，产生严重后果。为预防和避免实验室感染发生，做好生物安全实验室的风险管理是预防实验室感染以及实验成功的有效措施。生物安全实验室风险评估是生物安全实验室风险管理的核心组成部分，既需要有严密的理论，又需要与实践经验相结合，其可操作性成为生物安全风险评估成功的关键。

关于风险管理的相关标准规范主要有：《风险管理　原则与实施指南》GB/T 24353—2009、《风险管理　风险评估技术》GB/T 27921—2011，与实验室生物风险管理相关的标准有：欧洲标准化委员会《实验室生物风险管理》CWA 15793、WHO 文件《生物风险管理　实验室生物安全保障指南》，国内其他行业针对行业特点编写的《信息安全技术　信息安全风险评估规范》GB/T 20984—2007。

风险评估是风险管理的一个环节，包括风险识别、风险分析和风险评价三个步骤，是风险管理的基础。风险管理过程由明确环境信息、风险评估、风险应对、监督和检查组成。沟通和记录，应贯穿于风险管理过程的各项活动中。

风险评估是一个动态和循环的过程，风险准则会随着社会的发展、对事物内在规律的认识、利益方的需求等因素而变化，应始终关注安全、管理成本和代价的平衡关系，风险评估是科学管理风险的基础。在风险管理过程中，风险评估并非一项独立的活动，必须与风险管理过程的其他组成部分有效衔接。

开展生物安全实验室风险评估，并根据风险评估结果落实相应的风险控制措施，是实验室风险管理的核心工作之一。目前很多实验室对生物安全风险评估应用的理解和认识仍停留在理论层面上，风险评估结果和实验室安全管理体系脱节，接口不清晰，为了进一步掌握生物安全风险评估技术，提高生物安全管理水平，对实验室生物安全风险评估技术进行研究是十分必要的。

3.2 常用风险评估技术对比分析

风险评估过程包括风险识别、风险分析和风险评价三个步骤，其中风险分析涵盖后果分析、发生可能性分析、风险等级估计三个过程。各类风险评估技术如何应用到风险评估过程的每一个阶段是需要深入研究的，国家标准《风险管理　风险评估技术》GB/T 27921—2011 的附录 A 对 32 种风险评估技术的适用阶段进行了比较，如表 3-1 所示。对于风险评估的每一阶段，各类技术的适用性被描述为非常适用、适用或者不适用。

各风险评估技术在风险评估各阶段的适用性 表 3-1

序号	风险评估技术	风险评估过程				
		风险识别	风险分析			风险评价
			后果	可能性	风险等级	
1	头脑风暴法	SA	A	A	A	A
2	结构化/半结构化访谈	SA	A	A	A	A
3	德尔菲法	SA	A	A	A	A
4	情景分析	SA	SA	A	A	A
5	检查表	SA	NA	NA	NA	NA
6	预先危险分析	SA	NA	NA	NA	NA
7	失效模式和效应分析	SA	SA	SA	SA	SA
8	危险与可操作性分析	SA	SA	A	A	A
9	危害分析与关键控制点	SA	SA	NA	NA	SA
10	结构化假设分析	SA	SA	SA	SA	SA
11	风险矩阵	SA	SA	SA	SA	A
12	人因可靠性分析	SA	SA	SA	SA	A
13	以可靠性为中心维修	SA	SA	SA	SA	SA
14	压力测试	SA	A	A	A	A
15	保护层分析法	A	SA	A	A	NA
16	业务影响分析	A	SA	A	A	A
17	潜在通路分析	A	NA	NA	NA	NA
18	风险指数	A	SA	SA	A	SA
19	故障树分析	A	NA	SA	A	A
20	事件树分析	A	SA	A	A	NA
21	因果分析	A	SA	SA	A	A
22	根原因分析	NA	SA	SA	SA	SA
23	决策树分析	NA	SA	SA	A	A
24	蝶形图法（Bow-tie）	NA	A	SA	SA	A
25	层次分析法（AHP）	NA	A	A	SA	SA
26	在险值法（VaR）	NA	A	A	SA	SA
27	均值—方差模型	NA	A	A	A	SA
28	资本资产定价模型	NA	NA	NA	NA	SA
29	FN曲线	A	SA	SA	A	SA
30	马尔可夫分析法	A	SA	NA	NA	NA
31	蒙特卡罗模拟法	NA	NA	NA	NA	SA
32	贝叶斯分析	NA	SA	NA	NA	SA

注：SA 表示非常适用，A 表示适用，NA 表示不适用。

3.3 生物安全实验室风险评估要求

3.3.1 国家标准要求

2003 年 SARS 爆发后，我国制订了国家标准《实验室 生物安全通用要求》GB 19489—2004 用以指导国内生物安全实验室的建设，该标准于 2008 年修订后，现行国家标准号为 GB 19489—2008。与 2004 版相比，《实验室 生物安全通用要求》GB 19489—2008 突出和增加了对风险评估的要求，风险评估是实验室设计、建造和管理的依据。

标准按照风险评估的基本理论和原则，结合我国实验室的经验和科研成果，给出了实用性及针对性强的基本程序和要求。实验室风险评估和风险控制活动的复杂程度取决于实验室所存在危险的特性，实验室不一定需要复杂的风险评估和风险控制活动。对实验室生物安全防护水平进行分级，是基于风险程度对实验室实施针对性要求的一种风险管理措施。

3.3.2 国内风险评估现状

CNAS 在"十五"期间进行了"高级别生物安全实验室相关生物因子的风险评估技术研究"，主要成果是确定了高级别生物安全实验室风险评估技术中涉及的相关生物因子的风险数据和风险等级。作为实验室生物安全风险评估应该包括生物因子、人员、实验活动、设施设备等多方面的风险和控制，上述研究没有涉及实验室风险评估技术应用方面的内容。刘国栋、申璐等人于 2009 年提出了一种有关生物安全实验室环境风险的评价方法，以某生物安全实验室作为案例，得到了生物安全实验室的风险评价值，为实验室环境风险评估及控制提供了依据，但由于受当时国内生物安全实验室建设与管理现状的限制，其构建的生物安全实验室环境风险评价指标体系不够全面，部分指标存在交叉重复的问题，很多参数的给定缺少数据支撑和依据。

我国生物安全实验室在"十一五"、"十二五"期间飞速发展，截至 2017 年年底，已经有 70 余家生物安全实验室获得认可。历经十余年的发展及实践，我国生物安全实验室无论在生物因子、人员及实验活动等软件操作方面，还是在硬件设施设备方面，其风险评估及控制方面都已有很多新的变化，目前大部分实验室管理者对生物安全风险评估应用的理解和认识还很浅显，为了提高实验室对生物安全评估技术的认识和理解，亟需进行实验室生物安全风险评估及控制技术进行研究。

3.3.3 现阶段风险评估的重点

我国生物安全实验室（尤其是高等级生物安全实验室）的标准化建设、检测验收、运行管理、认证认可是近十年的事情，国内仍然缺乏实验室事故与各类风险之间相互关联的统计数据，现阶段风险评估的重点是风险识别、定性的风险分析及风险评价，并根据评价结果给出风险控制措施。由于缺少生物因子、实验活动、设施设备等方面故障引起的生物安全事故的数据统计，定量化的风险分析、风险评价目前仍有一定难度，但随着我国大量生物安全实验室运行时间的积累沉淀，量化分析将会成为现实。

基于对生物安全实验室风险识别的实际需求，对表 3-1 中不适用于风险识别的风险评估技术不再进行研究（即表 3-1 中的第 22～28、31、32 项）；风险指数、FN 曲线、马尔可夫分析法室三种风险评估技术虽然适用于风险识别，但由于其侧重于统计数据的量化分析，现阶段并不适用于生物安全实验室的风险评估；业务影响分析主要用于公司业务运营分析，潜在通路分析主要用于识别系统设计错误，不适用于生物安全实验室的风险评估分析。即对表 3-1 中的第 16～18、22～32 项风险评估技术不再进行探讨。

需要指出的是，这里不进行探讨的风险评估技术不代表不适用于生物安全实验室的风险评估，只是说现阶段因缺少必要的统计数据只能以风险识别、定性的风险分析和风险评价为主，但随着认识的提高和统计数据的增加，定量化的风险分析、风险评价是未来的发展趋势，如层次分析法就是用于量化分析的很好的工具。另外，各种风险评估技术不是孑然孤立的，很多时候需要在风险评估过程的不同阶段组合使用。

3.4 适用于生物安全实验室的风险评估技术汇总对比

3.4.1 适用于生物安全实验室的风险评估技术汇总

生物安全实验室的风险评估内容包括生物因子风险、实验活动分析、设施设备风险、自然灾害风险、火灾风险等几大类型的风险，涉及微生物学、公共微生物学、建筑学、流体力学、消防等诸多领域，是个典型的跨学科问题，需要组织不同学科专家对上述几大类型风险进行风险识别、风险分析、风险评价，需要群策群力。结合本书第 2.4 节的介绍，对适用于生物安全实验室的风险评估技术进行汇总说明，如表 3-2 所示。

适用于生物安全实验室的风险评估技术汇总说明 表 3-2

序号	风险评估技术	说　　明	生物安全实验室适用性
1	头脑风暴法及结构化访谈	一种收集各种观点及评价并将其在团队内进行评级的方法。头脑风暴法可由提示、一对一以及一对多的访谈技术所激发。适用于风险评估的各阶段	适用
2	德尔菲法	一种综合各类专家观点并促其一致的方法,这些观点有利于支持风险源及影响的识别、可能性与后果分析以及风险评价,需要独立分析和专家投票。适用于风险评估的各阶段	适用
3	情景分析	在想象和推测的基础上,对可能发生的未来情景加以描述。可以通过正式或非正式的、定性或定量的手段进行情景分析。适用于风险评估的各阶段	适用
4	检查表	一种简单的风险识别技术,提供了一系列典型的需要考虑的不确定性因素。使用者可参照以前的风险清单、规定或标准。适用于风险评估的各阶段	适用
5	预先危险分析(PHA)	一种简单的归纳分析方法,其目标是识别风险以及可能危害特定活动、设备或系统的危险性情况及事项。适用于风险识别的各阶段	多用于 BSL 设计和建设初期
6	失效模式和效应分析(FMEA)	一种识别失效模式、机制及其影响的技术。多用于实体系统中的组件故障,适用于风险评估的各阶段	多用于实验室操作活动、单一设备、简单系统的风险评估

序号	风险评估技术	说　　明	生物安全实验室适用性
7	危险与可操作性分析（HAZOP）	一种综合性的风险识别过程，用于明确可能偏离预期绩效的偏差，并可评估偏离的危害度。它使用一种基于引导词的系统。适用于风险评估的各阶段	适用于 BSL 设施设备的风险评估
8	危险分析与关键控制点（HACCP）	一种系统的、前瞻性及预防性的技术，通过测量并监控那些应处于规定限值内的具体特征来确保产品质量、可靠性以及过程的安全性。适用于风险评估的各阶段	适用于 BSL 设施设备的风险评估
9	结构化假设分析（SWIFT）	一种激发团队识别风险的技术，通常在引导式研讨班上使用，并可用于风险分析及评价。适用于风险评估的各阶段	适用
10	风险矩阵	一种将后果分级与风险可能性相结合的方式。适用于风险评估的各阶段	适用
11	人因可靠性分析	主要关注系统绩效中人为因素的作用，可用于评价人为错误对系统的影响。适用于风险评估的各阶段	多用于生物因子、实验活动等风险评估
12	以可靠性为中心的维修	一种基于可靠性分析方法实现维修策略优化的技术，其目标是在满足安全性、环境技术要求和使用工作要求的同时，获得产品的最小维修资源消耗。适用于风险评估的各阶段	多用于简单设备风险评估
13	压力测试	在极端情境下（最不利的情形下），评估系统运行的有效性，发现问题，制定改进措施的方法。适用于风险评估的各阶段	多用于 BSL 测试验证阶段
14	保护层分析法	也被称作障碍分析，它可以对控制及其效果进行评价。除风险评价外，适用于风险评估的其他阶段	多用于 BSL 设计和建设初期
15	故障树分析	始于不良事项（顶事件）的分析并确定该事件可能发生的所有方式，并以逻辑树形图的形式进行展示。在建立起故障树后，就应考虑如何减轻或消除潜在的风险源。适用于风险评估的各阶段	适用
16	事件树分析	运用归纳推理方法将各类初始事件的可能性转化成可能发生的结果。除风险评价外，适用于风险评估的其他阶段	适用
17	因果分析	综合运用故障树分析和事件树分析，并允许时间延误。初始事件的原因和后果都要予以考虑。适用于风险评估的各阶段	适用

　　结合上文各技术介绍，对表 3-2 进行分析可以看出：

　　（1）"预先危险分析（PHA）"、"保护层分析"多用于生物安全实验室设计和建设初期，"失效模式和效应分析（FMEA）"、"以可靠性为中心的维修"多用于简单设备风险评估，"压力测试分析"多用于实验室测试验证阶段。

　　（2）"危险与可操作性分析 HAZOP"、"危害分析与关键控制点法 HACCP"应用于生物安全实验室设施设备风险评估的前提是要识别并给出设施设备的关键状态参数指标及基准值、关键控制点与关键限值，为实现此目标，故障树分析是较适合的风险评估技术。为此，HAZOP、HACCP 这 2 种风险评估技术在本书中不再继续探讨。

　　（3）"结构化假设分析（SWIFT）"要求引导员及讨论会团队经验丰富、能力较强、工作效率高，在整个过程中融合了头脑风暴法及结构化访谈、德尔菲法、情景分析这三种风险评估技术，相对较为复杂。为此，SWIFT 风险评估技术在本书中不再继续探讨。

（4）"因果分析"综合了故障树分析和事件树分析，该方法的建构过程要比故障树和事件树更为复杂，同时在定量过程中必须处理依存关系。为此，因果分析风险评估技术在本书中不再继续探讨。

本书旨在需求能解决生物安全实验室多学科交叉融合这一复杂问题的通用（或适用范围广）的风险评估技术，故预先危险分析（PHA）、保护层分析、失效模式和效应分析（FMEA）、以可靠性为中心的维修、压力测试分析、危险与可操作性分析（HAZOP）、危害分析与关键控制点法（HACCP）、结构化假设分析（SWIFT）、因果分析这 9 种方法不再继续探讨。需要说明的是风险评估是一个动态和循环的过程，适用的风险评估技术也是动态的，这里不继续探讨的 9 种技术并不代表它们完全不适用于生物安全实验室风险评估，只是说现阶段它们的普适性不是很理想而已，相反有些风险评估技术可能非常适用于生物安全实验室一些简单的评估对象（如单项设备或实验活动等），如失效模式和影响分析被用于生物安全实验室禽流感样品采集、离心机风险评估，详见参考文献《生物安全实验室认可与管理基础知识风险评估技术指南》。

3.4.2　适用于生物安全实验室的风险评估技术对比分析

从本书第 2.5.1 节的分析可知，适用于生物安全实验室且易于操作的风险评估技术主要有头脑风暴法及结构化访谈、德尔菲法、情景分析、检查表、风险矩阵、人因可靠性分析、故障树分析、事件树分析共 8 种风险评估技术。其中头脑风暴法及结构化访谈、德尔菲法、情景分析、检查表、人因可靠性分析为常用定性分析方法，风险矩阵、故障树分析、事件树分析为半定量分析方法。

头脑风暴法及结构化访谈、德尔菲法、情景分析、检查表适用于生物安全实验室生物因子、实验活动、设施设备等全部风险因素的风险评估；人因可靠性分析侧重于实验活动的风险评估；故障树分析、事件树分析侧重于设施设备的风险评估。汇总如表 3-3 所示。

适用于生物安全实验室的风险评估技术对比分析　　　　　　表 3-3

序号	风险评估技术	适用说明	适用生物安全实验室类型
1	头脑风暴法及结构化访谈、德尔菲法、情景分析、检查表法、风险矩阵	适用于生物安全实验室生物因子、实验活动、设施设备等全部风险因素的风险评估	二～四级生物安全实验室
2	人因可靠性分析	侧重于生物安全实验室实验活动的风险评估	三～四级生物安全实验室
3	故障树分析、事件树分析	侧重于生物安全实验室设施设备的风险评估	三～四级生物安全实验室

高等级生物安全实验室风险评估需要考虑的风险因素相对较多，往往需要上述 8 种风险评估技术组合使用进行风险识别、风险分析、风险评价，再根据风险评价的结果进行风险控制。而二级生物安全实验室因相对简单，可根据高等级生物安全实验室的风险评估结

果，通过检查表法进行筛选即可。

具体做法是：高等级生物安全实验室设施设备通过故障树或事件树分析识别出风险因素，实验活动通过人因可靠性分析、情景分析识别出风险因素，针对这些风险因素及生物因子风险因素再通过头脑风暴法及结构化访谈、德尔菲法进行专家团队的确认，编制风险因素检查表，以便后续风险评估使用。

3.5　国内实验室风险评估技术应用现状

生物安全实验室的风险评估具体采用何种方法或如何组合使用，取决于风险的特性、对风险的了解程度和控制要求等。我国在"十一五"、"十二五"期间已经获得认可的 70 余家生物安全实验室的风险评估主要以基于知识的分析方法和定性分析为主，实质上是对经验和历史数据进行分析，通过各种途径获取信息和数据，识别实验室存在的风险源和已有的安全措施，与国际、国家、地方等相关的规定进行比较，识别出不符合之处，并按照标准或"惯例"要求，采取安全措施，最终达到降低和控制风险的目的。

目前已获认可的 70 余家生物安全实验室风险评估活动参与人员大部分是微生物学、医学、生物技术等专业人员，缺乏暖通、给水排水、电气等建筑机电专业人员，对关键防护设备的风险评估仅限于生物安全柜、高压灭菌器等常见设备的评估，另外对建筑设施风险评估内容涉及的也很少。其风险评估报告一般没有注明采用何种风险评估技术，但在风险评估过程中，报告编制人员普遍采用头脑风暴法及结构化访谈、德尔菲法、情景分析、检查表法等简单易行且有效的风险评估技术。人因可靠性分析、故障树分析、事件树分析等方法因过于专业、复杂，而且侧重于建筑设施设备的风险评估，不容易被广泛采用，可由建筑机电专业人员开展类似研究，给出风险评估结论，供实验室风险评估编制人员参考，弥补报告编制人员在经验和数据方面的不足。

3.6　风险评估阶段探讨

由于实验室活动的复杂性，设施设备配置是保证实验室生物安全的基本条件，是简化管理措施的有效途径。高等级生物安全实验室中的设施设备一旦发生故障，极有可能产生难以估量的后果，因而在其设计和运行过程中，存在以下要求：首先，设计时要充分考虑各类风险因素，选择风险最低的设计方案；其次，运行过程中发生故障，应在最短时间内精确找出故障源，进行维修，总结起来就是效率和精度。为此，生物安全实验室设施设备风险评估至少应包括两个阶段：第一个阶段是生物安全实验室设计和建设阶段的风险评估，即初始风险评估；第二个阶段是生物安全实验室建成以后的试运行、运行、维护阶段的风险评估，即风险再评估。

需要注意的是，不仅生物安全实验室设施设备需要进行两个阶段的风险评估，与其相对应的生物因子、实验操作、人员活动等方面的风险评估也应进行这两个阶段的风险评估。生物安全实验室风险评估是一个动态变化的过程，随着内外部事件的发生、环境的改变、监督检查的执行，有些风险可能会发生变化（如新的风险出现，原有风险消失），应持续不断地对各种变化保持敏感并做出反应，使风险评估得到持续改进。

3.7 小结

（1）历经十余年的发展及实践，我国生物安全实验室风险评估及控制方面已有很多新的变化，但目前大部分实验室管理者对生物安全风险评估应用的理解和认识仍有待提高。

（2）生物安全实验室的风险评估内容包括生物因子风险、实验操作风险、人员活动风险、设施设备风险等，另外还有化学、物理、辐射、电气、水灾、自然灾害等风险。

（3）适用于生物安全实验室且易于操作的风险评估技术主要有头脑风暴法及结构化访谈、德尔菲法、情景分析、检查表、风险矩阵、人因可靠性分析、故障树分析、事件树分析。

（4）生物安全实验室风险评估至少包括实验室设计或建设初期的初始风险评估、运行过程的风险再评估两个阶段。

本章参考文献

［1］ 全国风险管理标准化技术委员会. 风险管理　原则与实施指南. GB/T 24353—2009［S］. 北京：中国标准出版社，2009.

［2］ 中国标准化研究院 等. 风险管理　风险评估技术. GB/T 27921—2011［S］. 北京：中国标准出版社，2011.

［3］ 国家信息中心 等. 信息安全技术　信息安全风险评估规范. GB/T 20984—2007［S］. 北京：中国标准出版社，2007.

［4］ 中国标准化研究院 等. 风险管理　术语. GB/T 23694—2013［S］. 北京：中国标准出版社，2013.

［5］ 中国合格评定国家认可中心，国家质量监督检验检疫总局科技司 等. 实验室生物安全通用要求. GB 19489—2008［S］. 北京：中国标准出版社，2008.

［6］ 中国建筑科学研究院. 生物安全实验室建筑技术规范. GB 50346—2011［S］. 北京：中国建筑工业出版社，2012.

［7］ 中国国家认证认可监督管理委员会. 实验室设备生物安全性能评价技术规范. RB/T 199—2015［S］. 北京：中国标准出版社，2016.

［8］ 刘国栋，申璐，李翔. 模糊评价法在生物安全实验室环境风险评价中的应用［J］. 中国安全科学学报，2009，19（4）：114-120.

［9］ 中国合格评定国家认可中心. 生物安全实验室认可与管理基础知识——风险评估技术指南［M］. 北京：中国质检出版社/中国标准出版社，2012.

第4章 生物安全实验室设施设备故障树分析

4.1 故障树风险评估方法

4.1.1 定义

故障树分析是一种 top-down 分析方法，通过对可能造成系统故障的硬件、软件、环境、人为因素进行分析，画出故障原因的各种可能组合方式和其发生概率，由总体至部分，按树状结构，逐层细化。Peter Mani 博士在 2006 年出版的《兽医生物安全设施——设计与建造手册》中给出了生物安全实验室内病原微生物通过污染空气释放泄漏至室外的故障树逻辑示意图，如图 4-1 所示。

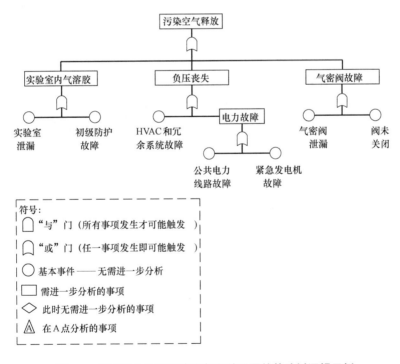

图 4-1 病原微生物经污染空气释放泄漏的故障树逻辑示例

注：本章图中的符号意义都参考本图符号。

从图 4-1 可以看出，故障树分析采取树形图的形式，把系统的故障与组成系统部件的故障有机地结合在一起。故障树首先以系统不希望发生的事件作为目标（称为顶事件），然后按照演绎分析的原则，从顶事件逐级向下分析各自的直接原因事件，直至所要求的分析深度。执行故障树分析，首先需要故障树建模。故障树建模，就是寻找所研究系统故障和导致系统故障的诸因素之间的逻辑关系，并且用故障树的逻辑符号（事件符号与逻辑门符号），抽象表示实际故障和传递的逻辑关系。

图 4-1 中列出了"实验室内气溶胶"、"负压丧失"与"气密阀故障"三大因素，由于实验室呈负压状态，并设有排风高效过滤器，在未发生"负压丧失"和房间排风高效过滤器泄漏的情况下，实验室是不会经空气环境污染的；此外，围护结构的密闭/气密性会对防止"污染空气释放"起到一定的作用。因此，图 4-1 中的故障树分析并不完善，需要补充"排风高效过滤器泄漏"、"围护结构密闭性"等因素（详见下文）。另外，在文字描述上略有不妥，图中第二层"实验室内气溶胶"宜改为"实验室内气溶胶污染"；第三层"实验室泄漏"宜改为"实验室污染"（注：污染的原因包括样本的跌落、泼洒、行为不规范等因素）；第四层发生"电力故障"的因素为"紧急发电机故障"，宜改为"备用电源故障"。

这里需要注意的是"基本事件（O）"并不是绝对的，有时是可以继续细分下去的（只是必要性问题而已），即大部分时候是"此时无需进一步分析的事项（）"，如在分析某一大型系统故障时，系统中的某一设备故障可以理解为"O"，也可以理解为"◇"，因为对于整个系统而言，知道该设备故障就可以了，不需要知道故障发生在哪个部件上。但若该设备属于关键防护设备，需要知道哪些核心部件是否故障了，此时又需要向下细分。

4.1.2 特点

故障树分析法具有很大的灵活性，不仅可对系统可靠性作一般分析，而且可以分析系统的各种故障状态；不仅可以分析某些中间故障对系统的影响，还可以对导致这些中间故障的子故障进行细分；故障树分析的过程是对系统深入认识的过程，分析人员要把握系统的内在联系，弄清各种潜在因素对故障发生影响的途径和程度，以便在分析过程中发现并及时解决问题，从而提高系统可靠性。

故障树分析法的优点是能够实现快速诊断与评估；知识库很容易动态修改，并能保持一致性；概率推理可在一定程度上被用于选择规则的搜寻通道，提高评估效率；诊断技术与领域无关，只要相应的故障树给定，就可以实现诊断。其缺点是由于故障树是建立在元件联系和故障模式分析的基础之上的，因此无法对不可预知的风险进行评估；评估结果依赖故障树信息的完全程度。

4.2 生物安全实验室设施设备故障总树风险识别

4.2.1 设施设备故障总树

图 4-1 给出了生物安全实验室内病原微生物通过污染空气释放泄漏至室外的故障树模型，其中的"初级防护故障"、"HVAC 和冗余系统故障"基本事件还可以继续向下细分。《实验室设备生物安全性能评价技术规范》按照 RB/T 199—2015（以下简称 RB/T 199）中关键防护设备的定义，"初级防护故障"可以进一步细分为生物安全柜、独立通风笼具、动物隔离设备等。图 4-1 给出的气溶胶泄漏故障树并不完整，需对其进行完善，图 4-2 为

完善后的高等级生物安全实验室设施设备风险评估故障树分析的总树模型，图中的 A ~ E 为转向符号，即转向各故障树。

从图 4-2 可以看出：

（1）除了污染空气释放传播途径，病原微生物还可能通过活毒废水、固态废弃物等途径泄漏至室外；

（2）化学淋浴装置的消毒灭菌作用也至关重要，若消毒不彻底，一样可以导致病原微生物的外泄；

（3）生命支持系统同样重要，若发生故障，会直接导致操作人员暴露在病原微生物气溶胶中，风险极高。

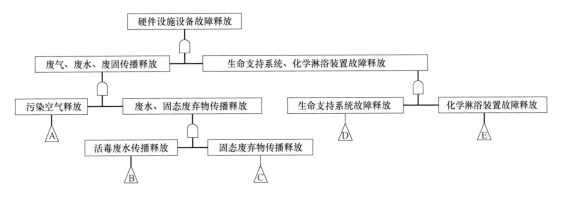

图 4-2　高等级生物安全实验室设施设备风险评估故障总树分析模型

4.2.2　污染空气释放传播病原微生物故障树分析

病原微生物通过污染空气释放传播外泄至周围环境的故障树分析逻辑图如图 4-3 所示，图中的基本事件"大动物散养或出现实验室泄漏"会直接导致实验室内存在病原微生物气溶胶。其中"大动物散养"实验室泛指符合 GB 19489 中定义的 4.4.3、4.4.4 类实验室；"出现实验室污染"是指发生试管坠落等意外事故时造成病原微生物扩散至室内，包括符合 GB 19489 中定义的 4.4.1、4.4.2 类实验室。另外，初级防护屏障故障也会导致实验室内存在病原微生物气溶胶的风险发生。当室内存在病原微生物气溶胶，且发生室内气溶胶外泄时，会出现较高的污染空气释放至周围环境的风险。

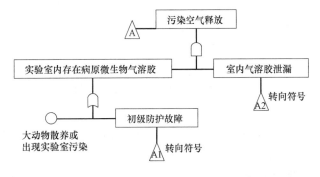

图 4-3　污染空气释放传播病原微生物外泄故障树分析逻辑图

4.2.2.1 初级防护屏障故障子树分析

初级防护屏障主要包括生物安全柜、独立通风笼具、动物隔离设备等关键防护设备，其故障子树风险识别如图 4-4 所示。

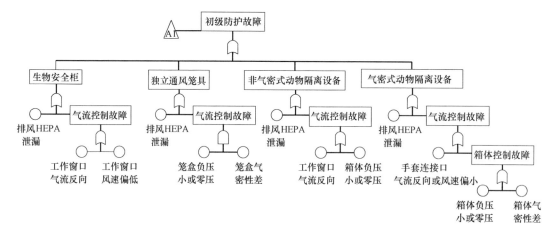

图 4-4 初级防护屏障（关键防护设备）病原微生物泄漏故障子树分析逻辑图

从图 4-4 可以看出，对每个初级防护屏障（关键防护设备）进行病原微生物泄漏风险识别，均可以辨识到某一基本风险因素，在日常运行维护中应对这些基本风险因素予以重点关注，采取措施进行风险应对（或风险控制），说明如下：

（1）生物安全柜的基本风险因素为排风 HEPA 泄漏、工作窗口气流反向、工作窗口风速偏低，这三个基本风险因素在图中是"或"门关系，即出现任何一项时，都会出现生物安全柜内的病原微生物外泄（这里需要说明的是此时病原微生物外泄并不一定会发生，只是出现外泄的风险高而已），可以理解为这三项性能权重相似，应定期检测生物安全柜这三项性能参数，RB/T 199 对此已有明确要求。由于排风 HEPA 在未出现人为因素破坏时不容易发生泄漏，所以定期检测周期可以长一些；但随着送、排风 HEPA 阻力的增大，工作窗口气流流速会慢慢减小，甚至出现工作窗口气流反向，故应经常检测。

（2）独立通风笼具的基本风险因素为排风 HEPA 泄漏、笼盒负压较小或零压、笼盒气密性差，这三个基本风险因素在图中的"与"、"或"门关系不同（出现排风 HEPA 泄漏时病原微生物外泄风险高；而当笼盒负压较小（或零压）且笼盒气密性差同时出现时，病原微生物外泄风险高），可以理解为权重不同，排风 HEPA 泄漏权重高，另两项权重低。应定期检测独立通风笼具这三项性能参数，RB/T 199 对此已有明确要求。

（3）非气密式动物隔离设备的基本风险因素为排风 HEPA 泄漏、箱体负压较小或零压、工作窗口气流反响，这三个基本风险因素在图中是"或"门关系，可以理解为这三项性能权重相似。应定期检测非气密式动物隔离设备这三项性能参数，RB/T 199 对此已有明确要求。

（4）气密式动物隔离设备的基本风险因素为排风 HEPA 泄漏、手套连接口气流反向或风速偏小、箱体负压较小或零压、箱体气密性差。这四个基本风险因素在图中的"与"、"或"门关系不同（出现排风 HEPA 泄漏、手套连接口气流反向或风速偏小时病原微生物外泄风险高；而当笼盒负压较小（或零压）且笼盒气密性差同时出现时，病原微生物外泄风险高），可以理解为权重不同，排风 HEPA 泄漏、手套连接口气流反向或风速偏小权重高，笼盒负压较小（或零压）、笼盒气密性差权重低。应定期检测气密式动物隔离设备这四项性能参数，RB/T 199 对此已有明确要求。

4.2.2.2　建筑设施故障子树分析

建筑设施气溶胶外泄的风险因素包括建筑围护结构、通风空调系统、电气自控系统、气体供应系统四大类型，图 4-5 给出了建筑设施室内气溶胶外泄故障子树分析逻辑图。

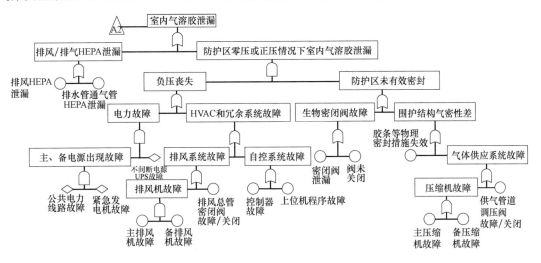

图 4-5　建筑设施室内气溶胶外泄故障子树分析逻辑图

从图 4-5 可以看出：

（1）建筑围护结构的基本风险因素为物理密封措施的有效性（包括穿墙设备、穿墙管道自身的气密性及安装边框气密性），应定期检测围护结构气密性，GB 19489 和 GB 50346 对此已有明确要求。

（2）通风空调系统的基本风险因素包括排风 HEAP 泄漏（含排水管通气管的排气HEPA、化学淋浴设备排风 HEPA）、排风机故障、生物密闭阀密封性能、生物密闭阀是否正常工作，应定期对排风 HEPA 进行检漏，定期检测排风机故障等工况转换可靠性，GB 19489 和 GB 50346 对此已有明确要求。生物密闭阀密封性能及是否正常工作在进行围护结构气密性检测时应同时检测。

（3）电气自控系统的基本风险因素包括公共电力故障、紧急发电机故障、不间断电源故障、控制器故障、上位机软件程序故障等，应定期对这些基本风险因素进行检测验证，方法是人为模拟故障，验证系统是否能自动切换且正常运转，GB 19489 和 GB 50346 对此已有明确要求。

（4）气体供应系统的基本风险因素包括压缩机故障、供气管道调压阀故障，应定期对这两项基本风险因素进行检测验证，GB 19489 和 GB 50346 对此尚未有明确要求。

4.2.3　活毒废水传播病原微生物故障树分析

高等级生物安全实验室病原微生物可通过活毒废水传播扩散至室外，故废水需要消毒灭菌处理，一般采用高压蒸汽灭菌，其故障树分析逻辑图如图 4-6 所示。

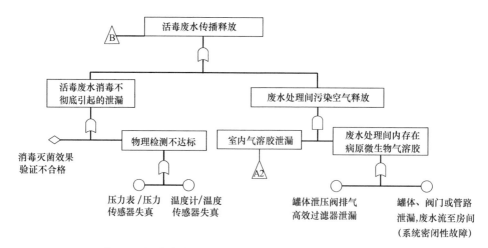

图 4-6　活毒废水传播病原微生物外泄故障树分析逻辑图

从图 4-6 可以看出：

（1）活毒废水传播外泄病原微生物的风险因素包括两类：一类是消毒灭菌不彻底时废水携带病原微生物外排泄漏的风险；另一类是活毒废水处理间出现病原微生物气溶胶时，污染空气释放带来的风险。

（2）活毒废水处理间出现病原微生物气溶胶的风险来源有两项：一项是消毒灭菌过程中尚未被消毒灭菌的罐体内空气经泄压阀、排气高效过滤器外排泄漏的风险，故泄压管上的排气高效过滤器应定期验证其性能，GB 50346—2011 第 10.2.18 条要求"活毒废水处理设备、高压灭菌锅、动物尸体处理设备等带有高效过滤器的设备应进行高效过滤器的检漏，……"；另一项是废水处理系统密闭性发生故障时（罐体、阀门或管路发生泄漏），含有病原微生物的废水扩散至处理间所带来的风险，此时转向了图 4-5 所示的建筑设施故障子树，故高等级生物安全实验室的活毒废水处理间也应按高等级实验室的防护要求进行建设，否则风险较高。

（3）废水传播病原微生物外泄风险的基本风险因素（包括"此时无需进一步分析的事项"）主要有：消毒灭菌效果验证不合格（原因可能是消毒灭菌操作规程上压力、温度、消毒时间等方面有问题，也可能是某些消毒灭菌系统设备部件出现了问题，此时需要专业厂家到现场检查核对解决），压力表/压力传感器及温度计/温度传感器等失真致使消毒灭菌过程不符合操作规程要求，消毒罐排气 HEPA 泄漏，消毒设备及管路系统密闭性故障。RB/T 199 对消毒灭菌效果验证、压力表/压力传感器、温度计/温度传感器提出了定期检测验证的要求；消毒设备及管路系统密闭性故障通过室内是否有漏水很容易辨识，应巡逻监测；消毒罐排气 HEPA 性能应由供货商提供验证。

4.2.4　固态废弃物传播病原微生物故障树分析

高等级生物安全实验室病原微生物可通过固态废弃物传播扩散至室外，包括防护区废弃物、动物残体废弃物等，涉及双扉高压灭菌锅、动物残体处理系统两种关键防护设备，其故障树分析逻辑图如图 4-7 所示。

从图 4-7 可以看出：

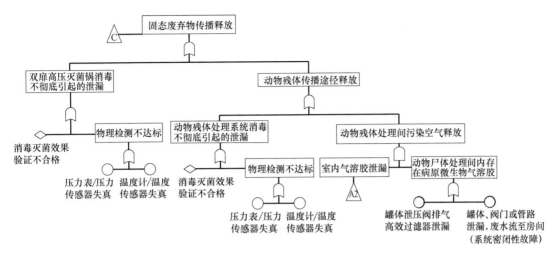

图 4-7　固态废弃物传播病原微生物外泄故障树分析逻辑图

（1）固态废弃物传播外泄病原微生物的风险因素包括两类：一类是消毒灭菌不彻底时固态废物携带病原微生物外泄的风险；另一类是动物残体处理间内出现病原微生物气溶胶时，污染空气释放带来的风险。

（2）动物残体处理间内出现病原微生物气溶胶的风险来源有两项：一项是消毒灭菌过程中尚未被消毒灭菌的罐体内空气经泄压阀、排气高效过滤器外排泄漏的风险；另一项是罐体处理系统密闭性发生故障时（罐体、阀门或管路发生泄漏），含有病原微生物的废水扩散至处理间所带来的风险，此时转向了图 4-5 所示的建筑设施故障子树，故高等级生物安全实验室的动物残体处理间也应按高等级实验室的防护要求进行建设，否则风险较高。

（3）固态废弃物传播病原微生物外泄风险的基本风险因素（包括"此时无需进一步分析的事项"）主要有：消毒灭菌效果验证不合格（原因可能是消毒灭菌操作规程上压力、温度、消毒时间等方面有问题，也可能是某些消毒灭菌系统设备部件出现了问题，此时需要专业厂家到现场检查核对解决），压力表/压力传感器及温度计/温度传感器等失真致使消毒灭菌过程不符合操作规程要求，消毒罐排气 HEPA 泄漏，消毒设备及管路系统密闭性故障。RB/T 199 对消毒灭菌效果验证、压力表/压力传感器、温度计/温度传感器提出了定期检测验证的要求；消毒设备及管路系统密闭性故障通过室内是否有漏水很容易辨识，应巡逻监测；消毒罐排气 HEPA 性能应由供货商提供验证。

这里需要说明的是，虽然图 4-7 没有对双扉高压灭菌锅所在房间给出类似活毒废水处理间、动物残体处理间的污染空气释放故障子树，但双扉高压灭菌锅作为一个密闭压力容器型的消毒灭菌罐体，的确存在毒灭菌过程中尚未被消毒灭菌的罐体内空气经泄压阀、排气高效过滤器外排泄漏的风险，GB 50346—2011 第 4.1.14 条明确指出"四级生物安全实验室主实验室应设置生物安全型双扉高压灭菌器，主体所在房间应为负压"。目前我国已建四级生物安全实验室的双扉高压灭菌锅主体均处于实验室防护区，满足风险控制要求。从风险控制的角度讲，三级生物安全实验室双扉高压灭菌锅主体所在房间也应进行负压控制。另外，双扉高压灭菌锅在消毒灭菌不彻底时，还存在其排出的废水携带病原微生物外泄的风险，GB 50346—2011 第 6.3.11 条要求"四级生物安全实验室双扉高压灭菌器的排水应接入防护区废水排放系统。"

4.2.5 生命支持系统故障树分析

图 4-8 给出了生命支持系统故障致使病原微生物外泄故障树分析逻辑图，当生命支持系统发生故障而不能提供正压防护服所需的压缩空气时，操作人员就有暴露在操作环境而感染病原微生物的风险。

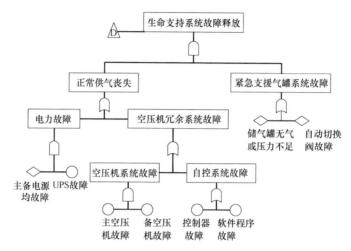

图 4-8　生命支持系统故障致使病原微生物外泄故障树分析逻辑图

从图 4-8 可以看出：

（1）生命支持系统故障释放病原微生物的风险来源于正常供气丧失、紧急支援气罐系统故障同时发生，两个风险因素是"与"门关系。

（2）正常供气丧失的风险来源于电力故障、空压机冗余系统故障两个风险因素，其中任何一个故障发生都会导致正常供气丧失，两个风险因素是"或"门关系。两个风险因素的进一步分解如下：1）电力故障风险来源于主备电源均故障（如两路市电均断电、柴油发电机不能正常启动等）、不间断电源 UPS 故障同时发生；2）空压机冗余系统故障风险来源于空压机系统故障、自控系统故障，其中任何一个故障发生都可能导致该风险发生，空压机系统故障包括主、备空压机均发生故障，自控系统故障包括硬件控制器故障、软件上位机程序故障。

（3）紧急支援气罐系统故障风险来源于储气罐无气或压力不足、自动切换阀故障两个风险因素，其中任何一个故障发生都会导致正常供气丧失，两个风险因素是"或"门关系。

4.2.6 化学淋浴装置故障树分析

图 4-9 给出了化学淋浴装置故障致使病原微生物外泄故障树分析逻辑图，从图 4-9 可以看出：

（1）化学淋浴装置故障外泄病原微生物的风险因素包括两类：一类是消毒灭菌不彻底时正压防护服外表面携带病原微生物泄漏的风险；另一类是化学淋浴装置内存在病原微生物气溶胶时，污染空气释放带来的风险。

（2）化学淋浴装置内污染空气释放的风险来源有两种：第一种是消毒过程尚未结束时

发生的室内气溶胶泄漏；第二种是消毒过程虽然结束，但由于消毒不彻底，发生的室内气溶胶泄漏。

（3）化学淋浴装置故障导致病原微生物外泄风险的基本风险因素（包括此时无需进一步分析的事项）为消毒灭菌效果、液位报警装置、给水排水防回流措施，还包括图 4-5 所示故障子树给出的箱体气密性、排风高效过滤器检漏、箱体内外压差，RB/T 199 对此已有明确要求。

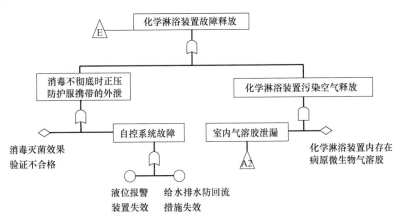

图 4-9　化学淋浴装置故障致使病原微生物外泄故障树分析逻辑图

4.3　基本风险因素汇总分析

本章基于高等级生物安全实验室运行过程中可能出现的各种设施设备故障导致病原微生物外泄风险，建立的高等级生物安全实验室设施设备总故障树、子故障树等，通过故障树风险识别给出了生物安全实验室运行阶段基本风险因素，汇总如表 4-1 所示。

生物安全实验室设施设备风险评估识别出的基本风险因素　　表 4-1

大类	分类	子类	基本风险因素	适用的实验室类型		
				二级	三级	四级
建筑设施	建筑装饰	围护结构气密性	物理密封措施失效		■	■
	通风空调	送风系统	送风高效过滤器泄漏			■
		排风系统	主、备排风机故障		■	■
			排风高效过滤器泄漏		■	■
		风阀等部件	生物密闭阀密封措施失效		■	■
			生物密闭阀故障		■	■
	给水排水	排水系统	排水管道通气管高效过滤器泄漏			■
	电气自控	供配电	公共电力线路故障		■	■
			柴油发电机故障			■
			不间断电源 UPS 故障		■	■

续表

大类	分类	子类	基本风险因素	适用的实验室类型 二级	三级	四级
建筑设施	电气自控	自动控制	硬件控制器故障		■	■
			软件程序故障（如报警失效等）		■	■
	气体供应	工艺压缩空气	主、备空压机故障		■	■
			供气管道调压阀故障		■	■
关键防护设备	生物安全柜	—	排风高效过滤器泄漏	■	■	■
			工作窗口气流反向	■	■	■
			工作窗口风速偏低	■	■	■
	独立通风笼具	—	排风高效过滤器泄漏	■	■	■
			笼盒气密性失效	■	■	■
			笼盒负压丧失	■	■	■
	动物隔离设备	非气密式动物隔离设备	排风高效过滤器泄漏	■	■	■
			工作窗口气流反向	■	■	■
			箱体负压丧失	■	■	■
		气密式动物隔离设备	排风高效过滤器泄漏		■	■
			箱体气密性失效		■	■
			箱体负压丧失		■	■
			手套连接口风速偏小		■	■
	双扉高压灭菌器	消毒灭菌效果	消毒灭菌效果验证不合格	■	■	■
		仪器、仪表等部件	压力表/压力传感器失真	■	■	■
			温度表/温度传感器失真	■	■	■
			泄压管道排气高效过滤器泄漏		■	■
	气体消毒设备	—	消毒灭菌效果验证不合格		■	■
			消毒剂有效成分失效		■	■
	生命支持系统	动力系统	生命支持系统的 UPS 故障			■
			主、备空压机故障			■
		自控系统	生命支持系统控制器故障			■
			生命支持系统软件程序故障			■
			自动切换阀故障			■
		紧急支援气罐	储气罐无气或压力不足			■
	正压防护服	—	气密性失效			■
			供气流量偏低			■
	化学淋浴装置	所在房间围护结构气密性	参照建筑设施			
		送排风系统及部件				■
		消毒灭菌效果	消毒灭菌效果验证不合格			■
		系统部件	液位报警装置失效			■
			给水排水防回流措施失效			■

续表

大类	分类	子类	基本风险因素	适用的实验室类型		
				二级	三级	四级
关键防护设备	活毒废水处理系统	所在房间围护结构气密性	参照建筑设施			■
		送排风系统及部件				■
		罐体、管道等部件	罐体泄压管道排气高效过滤器泄漏			■
			罐体、阀门、管道等泄漏			■
			压力表/压力传感器失真			■
			温度表/温度传感器失真			■
		消毒灭菌效果	消毒灭菌效果验证不合格			■
	动物残体处理系统	所在房间围护结构气密性	参照建筑设施			■
		送排风系统及部件				■
		罐体、管道等部件	罐体泄压管道排气高效过滤器泄漏			■
			罐体、阀门、管道等泄漏			■
			压力表/压力传感器失真			■
			温度表/温度传感器失真			■
		消毒灭菌效果	消毒灭菌效果验证不合格			■

表 4-1 识别出的生物安全实验室设施设备运行阶段的基本风险因素，需要在运行阶段采取相应风险控制措施予以消除或规避风险，如日常监测、定期检测等，尤其是高等级生物安全实验室，建筑设施及关键防护设备的核心性能指标的定期检测（如年检）是必不可少的。如法国里昂的四级生物安全实验室要求每 6 个月由生物安全团队检测实验室的气密性，每年由专业公司进行整个实验室和各管道的气密性检测。

表 4-1 识别出的运行阶段基本风险因素，对指导生物安全实验室设计和建设同样具有重要意义，如建筑围护结构材料选择及密封措施、通风空调系统关键设备（如送/排风机、生物密闭阀、排风高效过滤器/过滤单元等）的选择、电气自控系统配置（如传感器、控制器的选择，UPS 设计等）。

4.4　讨论

4.4.1　探讨

故障树分析法具有快速诊断与评估、知识库易动态修改并能保持一致性、诊断技术与领域无关的优点，符合高等级生物安全实验室设施设备故障快速识别和精准定位的要求，通过故障树分析识别出生物安全风险因素，为后续风险的量化评估及风险控制提供依据。另一方面，由于故障树分析法顶事件的概率是由若干基础事件的概率按照一定的规则求得的，而生物安全实验室设施设备基础事件的概率有较高的不确定性，计算出的顶事件的概率的不确定性也较高，因此故障树分析法适用于生物安全实验室设施设备的风险识别，但不适用于设施设备的风险分析、风险评价，尤其是不适用于定量化分析。

高等级生物安全实验室设施设备风险识别故障树模型，是建立在实验室整个实验过程可能出现的各种故障导致病原微生物外泄风险分析的基础上的，设施设备故障树分析的过程是对实验室系统深入认识的过程，随着运行管理、维护保养等方面经验的积累，在弄清各种潜在因素对故障发生影响的途径和程度后，需进一步修改和完善设施设备故障树，以便快速发现并及时解决问题，提高系统可靠性。

需要说明的是，本章采用故障树分析对生物安全实验室设施设备进行风险评估，初衷是通过故障树识别出潜在的主要风险源（是指和生物安全相关的风险源，不包括电气安全、消防隐患等其他风险），为实验室人员编制风险评估报告提供参考，并不代表识别出了全部生物安全风险源。生物安全实验室设施设备风险识别的关键在于参与人员的经验、知识水平、对生物安全实验室设施设备的了解程度、风险源的特性和信息的全面性。根据实验室各自的特点，制定并不断完善"风险源清单"是十分有助于风险识别的做法。识别风险的角度可不同，但随着实验室风险管理体系运行经验的积累，"风险清单"应越来越接近实际情况、越来越实用。

4.4.2 小结

（1）对高等级生物安全实验室进行风险评估，并根据风险评估结果落实风险控制措施，是实验室风险管理的核心工作之一，目前很多实验室对生物安全风险评估应用的理解和认识仍停留在理论层面上，需进一步开展生物安全风险评估技术研究。

（2）故障树分析法具有快速诊断与评估、知识库易动态修改并能保持一致性、诊断技术与领域无关的优点，符合生物安全实验室设施设备故障快速识别和精准定位的要求，通过故障树分析识别出高等级生物安全实验室设施设备运行阶段的风险因子，为后续风险的量化评估及风险控制提供依据。

（3）基于实验室运行过程中可能出现的各种设施设备故障导致病原微生物外泄风险，建立了高等级生物安全实验室设施设备运行阶段总故障树，分析了系统的各种故障状态、某些中间故障对系统的影响，并对导致这些中间故障的子故障进行了细分。

（4）通过高等级生物安全实验室设施设备运行阶段的故障树风险识别，给出了可导致病原微生物外泄的基本风险因子，为后续风险的量化评估及风险控制提供了依据。

（5）本章构建的故障树模型及风险识别方法，旨在抛砖引玉，并不代表识别出了所有设施设备的基本风险因子，设施设备故障树分析的过程是对实验室系统深入认识的过程，随着运行管理、维护保养等方面经验的积累，在弄清各种潜在因素对故障发生影响的途径和程度后，应进一步修改和完善设施设备故障树，以便快速发现并及时解决问题，提高系统可靠性。

本章参考文献

［1］ 中国标准化研究院 等. 风险管理　术语. GB/T 23694—2013 ［S］. 北京：中国标准出版社，2013.

［2］ 中国合格评定国家认可中心 等. 实验室　生物安全通用要求. GB 19489—2008 ［S］. 北京：中国标准出版社，2008.

［3］　中国标准化研究院 等. 风险管理　风险评估技术. GB/T 27921—2011［S］. 北京：中国标准出版社，2011.

［4］　刘国栋，申璐，李翔. 模糊评价法在生物安全实验室环境风险评价中的应用［J］. 中国安全科学学报，2009，19（4）：114-120.

［5］　Peter Mani 著. 兽医生物安全设施——设计与建造手册［M］. 徐明 等译. 北京：中国农业出版社，2006.

［6］　中国国家认证认可监管管理委员会. 实验室设备生物安全性能评价技术规范. RB/T 199—2015［S］. 北京：中国标准出版社，2016.

［7］　中国建筑科学研究院. 生物安全实验室建筑技术规范. GB 50346—2011［S］. 北京：中国建筑工业出版社，2012.

第5章　生物安全实验室建设阶段的初始风险评估

5.1　概述

生物安全实验室建设项目阶段示意图如图5-1所示，结合风险评估应考虑的因素，生物安全实验室设施设备风险评估体现在实验室建设阶段、实验室运行维护两个阶段，且两个阶段都不是孤立的，而是一个动态循环的过程。在生物安全实验室建设阶段应识别出待建实验室设施设备各种潜在的风险因素，给出风险控制措施方案，并在设计阶段、施工阶段予以落实，在检测验收阶段予以测试验证。

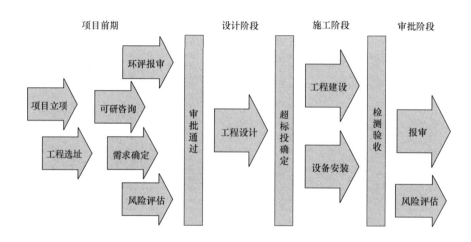

图 5-1　生物安全实验室建设项目阶段示意图

生物安全实验室建设阶段为图5-1所示的项目前期、设计阶段、施工阶段、审批阶段，在这个阶段应识别出待建实验室设施设备各种潜在的风险因素，给出风险控制措施方案，并在设计阶段、施工阶段予以落实，在审批阶段予以测试验证。

图5-2给出了高级别生物安全实验室从立项、审查、环评、建设，到最后认可、资格批复等一套完整的流程，风险管理贯穿于上述各个过程中，作为风险管理核心环节的风险评估，是一个动态和循环的过程。

本书第4章运用故障树技术对生物安全实验室设施设备进行风险评估侧重的是风险识别，即识别出风险源。这个风险源是供实验室人员编写风险评估报告时参考的，给出的是生物安全实验室设施设备生物安全性能固有风险等级为高或极高的风险因素（关键风险源），并不代表全部。另外，这个风险源是和生物安全风险相关的风险，不包括其他风险（比如消防隐患、电气安全风险等）。

本章将从工程选址与平面布置、建筑结构与装修、通风空调、给水排水与气体供应、电气自控、消防、关键防护设备7个方面，开展生物安全实验室设施设备建设阶段初始风

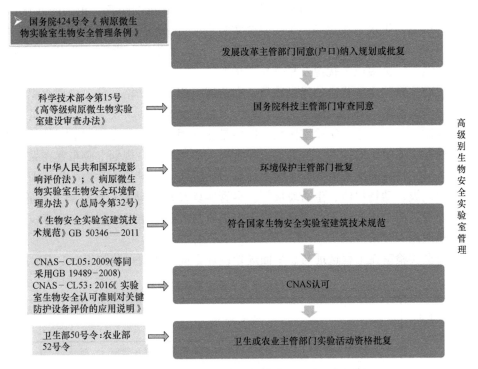

图 5-2　高级别生物安全实验室建设、认可流程图

险评估研究，根据初始风险评估阶段应考虑的问题，系统地补充完善生物安全实验室设施设备建设阶段主要风险因素。

生物安全实验室在投入使用之前，必须进行综合性能全面检测和评定，应由建设方组织委托，施工方配合。检测验收阶段虽然也属于建设阶段，是建设阶段的重要收尾工作，需要对其进行初始风险评估，但因其与运行维护阶段的检测验收风险再评估基本相似，本章不再重复介绍，详见第 6 章风险再评估相应章节内容。

5.2　设施设备建设阶段风险源

本节从工程选址与平面、建筑结构与装修、通风空调、给水排水与气体供应、电气自控、消防、关键防护设备 7 个方面对生物安全实验室设施设备进行了风险识别，给出了风险源清单。需要注意的是，这个风险源清单（供实验室人员编写风险评估报告参考）给出的是主要风险源，并不代表全部。另外，这个风险源是和生物安全风险相关的风险，不包括其他风险，如消防隐患、电气安全风险等。

5.2.1　工程选址与总平面

根据《病原微生物实验室生物安全管理条例》，实验室选址应符合环境保护主管部门和建设主管部门的规定和要求。环境保护主管部门考虑的因素有：不能污染空气和水资源，不能建在人口密集的居民区，不能破坏本地区的生态平衡，不能造成外来传染病的扩散，对排出的废气、废水、废物要做到无害化排放等；建设主管部门考虑的因素有：当地城市的总体规划和布局要求，实验室建设高度，与相邻建筑的距离，相关的绿化、道路、市政管网、供电、供水、能源等。生物安全实验室项目选址还应交通方便，便于充分利用城市基础设施（市政管网、供电、供水、能源等），远离化学、生物、噪声、振动、强电磁场、高压线等污染源或干扰源及易燃易爆场所。

对于设有生物安全实验室的建设项目，在交通组织上要严格区分，合理组织人流和物流，洁污物流线清楚，避免或减少交叉污染。人员的交通流线，要区分内部人员和外部人员，严格控制外部人员进入实验室区域。即使是业务用房，也要在规划上将外部和内部的人员分别进行交通组织的控制。外部人员经常出入的用房，在规划上应布置在靠近外部城市环境的区域。物流的交通流线，关键要注意污物流线。这里说的污物，包括固体实验废弃物即实验垃圾、动物尸体、生活垃圾等。尽管实验垃圾和动物尸体在离开实验用房时，按规定已经经过消杀灭活处理，但交通组织上仍应与人员和洁净物品的交通流线严格分开设置，避免或减少交叉污染。

生物安全实验室在工程选址与总平面规划设计方面的主要风险如表 5-1 所示。

工程选址与总平面方面主要风险因素   表 5-1

序号	识别项	风 险 描 述	适用范围 二级	适用范围 三级	适用范围 四级
1	主管部门立项批复	发展改革主管部门立项：未在发展改革主管部门或相关主管部门立项		√	√
2		科技主管部门审查：未得到科技主管部门审查同意		√	√
3		环保主管部门批复：不符合环保主管部门的规定和要求		√	√
4		建设主管部门批复：不符合建设主管部门（城乡规划与建设委员会等）的要求	√	√	√
5	市政	实验室所在园区的市政管网、供电、供水、能源等各方面是否能满足实验室的使用要求，关注供电（负荷等级及容量）、蒸汽（供气压力、流量等）、给水排水等	√	√	√
6	园区规划	功能分区不合理，没有科学布置各类建筑	√	√	√
7		人流和物流不合理，洁污物流线不清楚	√	√	√
8		未考虑科学合理节约用地（在满足基本功能需要的同时，适当考虑未来的发展，应预留发展或改扩建的用地）	√	√	√

5.2.2 建筑、结构与装修

生物安全实验室最好相对独立建设，但如果建设用地相对紧张，可与其他行政或业务等用房组合在一栋建筑内建设。一～三级生物安全实验室可与其他行政或业务等用房组合在一栋建筑内建设，但四级生物安全实验室（以下简称 P4 实验室）应为独立建筑物。

生物安全实验室的工艺平面布局应首先确保用户的实际使用需求，同时注意人员进出实验室的人流路线、洁物进入和污物离开实验室的物流路线的合理布置，过于繁琐的工艺流程只能增加使用的不便。在设计平面布局时，应尽可能做到人流、物流通道简捷流畅，应避免设置太多的压力梯度，以免造成相邻房间之间的压差太小，系统运行不稳定和对控制提出过高要求。

我国一～三级生物安全实验室很多是在既有建筑物内建设而成的，根据具体情况，可对改建成三级生物安全实验室的局部建筑结构进行加固。但对于新建的生物安全实验室建筑,尤其是高等级生物安全实验室,其结构安全等级、抗震设防类别、地基基础等级均要求较高。

二～四级生物安全实验室的入口,应明确标示出生物防护级别、操作的致病性生物因子、实验室负责人姓名、紧急联络方式等,并应标示出国际通用生物危险符号。

生物安全实验室建筑、结构与装修方面的主要风险如表5-2所示。

建筑、结构与装修方面主要风险因素　　　　　　　　表 5-2

序号	识别项	风 险 描 述	适用范围		
			二级	三级	四级
1	建筑	与建筑物其他部分相通,但未设可自动关闭的带锁的门	√		
2		不满足排风间距要求:防护区室外排风口与周围建筑的水平距离小于20m		√	
3		未在建筑物中独立的隔离区域内			√
4		未远离市区			√
5		主实验室所在建筑物离相邻建筑物或构筑物的距离小于相邻建筑或构筑物高度的1.5倍			√
6		未在入口处设置更衣室或更衣柜	√	√	√
7		实验室区域人流和物流不合理,洁物、污物流不合理		√	√
8		未明确区分防护区和辅助工作区		√	√
9		防护区的房间设置不满足工艺要求	√	√	√
10		辅助区的房间设置不满足工艺要求	√	√	√
11		辅助工作区与室外之间未设一间正压缓冲室	√	√	√
12		ABSL-3中的b2类实验室和四级生物安全实验室未独立于其他建筑		√	√
13		走廊净宽小于1.5m	√	√	√
14		室内净高低于2.6m或设备层净高低于2.2m		√	√
15		ABSL-4的动物尸体处理设备间和防护区污水处理设备间未设缓冲间			√
16		设置生命支持系统的生物安全实验室,紧邻主实验室未设化学淋浴间		√	√
17		防护区未设置安全通道和紧急出口或没有明显的标志		√	√
18		防护区的围护结构未远离建筑外墙或主实验室未设置在防护区的中部			√
19		建筑外墙作为主实验室的围护结构			√
20		相邻区域和相邻房间之间未根据需要设置传递窗;传递窗两门未互锁或未设有消毒灭菌装置;其结构承压力及严密性不符合所在区域的要求;传递不能灭活的样本出防护区时,未采用具有熏蒸消毒功能的传递窗或药液传递箱		√	√
21		未在实验室或实验室所在建筑内配备高压灭菌器或其他消毒灭菌设备	√		
22		防护区内未设置生物安全型双扉高压灭菌器		√	√
23		生物安全型双扉高压灭菌器未考虑主体一侧的维护空间		√	√
24		生物安全型双扉高压灭菌器主体所在房间为非负压			√
25		生物安全柜和负压解剖台未布置于排风口附近或未远离房间门		√	√

序号	识别项	风险描述	适用范围		
			二级	三级	四级
26	建筑	产生大动物尸体或数量较多的小动物尸体时,未设置动物尸体处理设备。动物尸体处理设备的投放口未设置在产生动物尸体的区域;动物尸体处理设备的投放口未高出地面或未设置防护栏杆		√	√
27	装修	未采用无缝的防滑耐腐蚀地面;踢脚未与墙面齐平或略缩进大于2~3mm;地面与墙面的相交位置及其他围护结构的相交位置,未做半径不小于30mm的圆弧处理		√	√
28		围护结构表面的所有缝隙未采取可靠的措施密封		√	√
29		墙面、顶棚的材料不易于清洁消毒、不耐腐蚀、起尘、开裂、不光滑防水,表面涂层不具有抗静电性能		√	√
30		生物安全柜和负压解剖台背面、侧面与墙的距离小于300mm,顶部与吊顶的距离小于300mm	√	√	√
31		传递窗、双扉高压灭菌器、化学淋浴间等设施与实验室围护结构连接时,未保证箱体的严密性	√	√	√
32		传递窗、双扉高压灭菌器等设备与轻体墙连接时,未在连接部位采取加固措施	√	√	√
33		防护区内的传递窗和药液传递箱的腔体或门扇未整体焊接成型		√	√
34		具有熏蒸消毒功能的传递窗和药液传递箱的内表面使用有机材料	√	√	√
35		实验台面不光滑、透水、不耐腐蚀、不耐热和不易于清洗	√	√	√
36		防护区配备的实验台未采用整体台面		√	√
37		实验台、架、设备的边角未以圆弧过渡,有突出的尖角、锐边、沟槽	√	√	√
38		没有机械通风系统时,ABSL-2中的a类、b1类和BSL-2生物安全实验室未设置外窗进行自然通风或外窗未设置防虫纱窗;ABSL-2中b2类实验室设外窗或观察窗未采用安全的材料制作	√		
39		防护区设外窗或观察窗未采用安全的材料制作		√	√
40		没有防止节肢动物和啮齿动物进入和外逃的措施	√	√	√
41		ABSL-3中b2类主实验室及其缓冲间和四级生物安全实验室主实验室及其缓冲间未采用气密门		√	√
42		门净宽小于900mm	√	√	√
43		气密门两侧、顶部与围护结构的距离小于200mm		√	√
44		气密门门体和门框未采用整体焊接结构,门体开闭机构没有可调的铰链和锁扣		√	√
45		防护区内门向空气压力较低房间开启,即向内开启,不能自动关闭		√	√
46		防护区缓冲室的门未设互锁装置		√	√
47		防护区房间门上未设观察窗		√	√
48		防护区内的顶棚上设置检修口		√	√
49		有压差梯度要求的房间未在合适位置设测压孔,测压孔平时没有密封措施		√	√
50		实验室的入口未明确标示出生物防护级别、操作的致病性生物因子等标识	√	√	√

续表

序号	识别项	风险描述	适用范围		
			二级	三级	四级
51		结构安全等级低于一级		√	
52		结构安全等级低于一级			√
53		抗震设防类别未按特殊设防类		√	
54	结构	抗震设防类别未按特殊设防类			√
55		地基基础未按甲级设计		√	
56		地基基础未按甲级设计			√
57		主体结构未采用非混凝土结构或砌体结构体系		√	√
58		吊顶作为技术维修夹层时，其吊顶的活荷载小于 0.75kN/m²		√	√
59		对于吊顶内特别重要的设备未作单独的维修通道		√	√

5.2.3　通风空调风险识别

通风空调系统是实现生物安全实验室防护功能的重要技术措施之一，一、二级生物安全实验室对通风空调系统没有特别的要求（加强型二级生物安全实验室除外），但三、四级生物安全实验室对通风空调系统有较高的要求，GB 50346—2011 对通风空调系统形式、送风系统、排风系统、气流组织、主要设备部件等给出了明确要求：

（1）空气净化系统应设置粗、中、高三级空气过滤，送风末端应采用高效过滤器；

（2）新风口采取有效的防雨措施，安装保护网，高于室外地面 2.5m 以上，远离污染源；

（3）实验室设置室内排风口，不得只用安全柜或其他负压隔离装置作为房间排风口；

（4）风口布置和气流组织均要有利于室内可能被污染空气的排出（定向流）；

（5）在实验室防护区送风和排风管道的关键节点安装生物型密闭阀；

（6）三级实验室排风应至少经过一级 HEPA 过滤器处理后排放，四级实验室排风应经过两级 HEPA 过滤器处理后排放，要求 HEPA 过滤器均可以进行原位消毒和检漏；

（7）排风机是关键设备之一，必须有备用；

（8）生物安全实验室的排风必须与送风联锁，排风先于送风开启，后于送风关闭。

生物安全实验室通风空调系统主要风险因素如表 5-3 所示。

通风空调系统主要风险因素　　　　　　　　　　　　　　表 5-3

序号	识别项	风险描述	适用范围		
			二级	三级	四级
1		空调净化系统的划分不利于实验室消毒灭菌、自动控制系统的设置和节能运行	√	√	√
2	系统形式	送、排风系统的设计未考虑所用生物安全柜、动物隔离设备等的使用条件	√	√	√
3		选用生物安全柜不符合要求	√	√	√
4		b2 类实验室未采用全新风系统	√		

序号	识别项	风险描述	适用范围		
			二级	三级	四级
5	系统形式	未采用全新风系统		√	√
6		主实验室的送、排风支管或排风机前未安装耐腐蚀的密闭阀或阀门严密性与所在管道严密性要求不相适应		√	√
7		防护区内安装普通的风机盘管机组或房间空调器		√	√
8	送风系统	空气净化系统送风过滤器的设置不符合粗、中、高三级空气过滤的要求	√	√	√
9		新风口未采取有效的防雨措施,未安装保护网,不符合"高于室外地面2.5m以上,同时应尽可能远离污染源"的要求	√	√	√
10		防护区不能对送风高效空气过滤器进行原位消毒和检漏		√	√
11		BSL-3 实验室未设置备用送风机		√	
12		ABSL-3 实验室和四级生物安全实验室未设置备用送风机			√
13	排风系统	防护区排风未与送风联锁(排风先于送风开启,后于送风关闭)		√	√
14		主实验室未设置室内排风口,只利用生物安全柜或其他负压隔离装置作为房间排风出口		√	√
15		b1 类实验室中可能产生污染物外泄的设备未设置带高效空气过滤器的局部负压排风装置,或负压排风装置不具有原位检漏功能		√	√
16		防护区生物安全柜与排风系统的连接方式不符合 GB 50346 的要求,具体为:A2 型生物安全柜未外接排风(硬连接或软连接)或柜子排风口未紧邻房间排风口;B2 或Ⅲ级生物安全柜未外接排风(硬连接)		√	√
17		防护区动物隔离设备与排风系统的连接未采用密闭连接或设置局部排风罩		√	√
18		排风未经过高效过滤器过滤后排放		√	√
19		排风高效过滤器未设在室内排风口处或紧邻排风口处;排风高效过滤器的位置与排风口结构不易于对过滤器进行安全更换和检漏		√	√
20		防护区除在室内排风口处设第一道高效过滤器外,未在其后串联第二道高效过滤器			√
21		防护区不能对排风高效空气过滤器进行原位消毒和检漏		√	√
22		排风密闭阀未设置在排风高效过滤器和排风机之间;排风机外侧的排风管上室外排风口处未安装保护网和防雨罩	√	√	√
23		防护区排风管道的正压段穿越房间或排风机未设于室外排风口附近		√	√
24		防护区未设置备用排风机或备用排风机不能自动切换或切换过程中不能保持有序的压力梯度和定向流		√	√
25		排风口未设置在主导风的下风向		√	√
26		排风口与新风口的直线距离不大于12m;排风口不高于所在建筑物屋面2m 以上		√	√
27		ABSL-4 的动物尸体处理设备间和防护区污水处理设备间的排风未经过高效过滤器过滤			√
28	气流组织	实验室内各种设备的位置不利于气流由被污染风险低的空间向被污染风险高的空间流动,不利于最大限度减少室内回流与涡流		√	√
29		送风口和排风口布置不利于室内可能被污染空气的排出	√	√	√
30		在生物安全柜操作面或其他有气溶胶产生地点的上方附近设送风口	√	√	√
31		气流组织上送下排时,高效过滤器排风下边沿离地面低于 0.1m 或高于 0.15m 或上边沿高度超过地面之上 0.6m;排风口排风速度大于 1m/s	√	√	√

续表

序号	识别项	风险描述	适用范围		
			二级	三级	四级
32	部件、材料及安装	高效过滤器不耐消毒气体的侵蚀,防护区内淋浴间、化学淋浴间的高效过滤器不防潮;高效过滤器的效率低于现行国家标准《高效空气过滤器》GB/T 13554 中的 B 类		√	√
33		需要消毒的通风管道未采用耐腐蚀、耐老化、不吸水、易消毒灭菌的材料制作,未整体焊接		√	√
34		空调净化系统和高效排风系统所用风机未选用风压变化较大时风量变化较小的类型	√	√	√
35		空调设备的选用不满足 GB 50346—2011 第 5.5.4 条的要求(即采用了淋水式空气处理机组,当采用表面冷却器时,通过盘管所在截面的气流速度大于 2.0m/s;各级空气过滤器前后未安装压差计,或测量接管不通畅,安装不严密;未选用干蒸汽加湿器;加湿设备与其后的过滤段之间没有足够的距离;在空调机组内保持 1000Pa 的静压值时,箱体漏风率大于 2%)	√	√	√
36		排风高效过滤装置不符合国家现行有关标准的规定。排风高效过滤装置的室内侧没有保护高效过滤器的措施		√	√

5.2.4　给水排水与气体供应

生物安全实验室的楼层布置通常由下至上可分为下设备层、下技术夹层、实验室工作层、上技术夹层、上设备层。为了便于维护管理、检修,给水排水与气体供应干管应敷设在上、下技术夹层内,同时最大限度地减少生物安全实验室防护区内的管道。管道泄漏是生物安全实验室最可能发生的风险之一,须特别重视。

为了防止生物安全实验室在给水供应时可能对其他区域造成回流污染,防回流装置是在给水、热水、纯水供水系统中能自动防止因背压回流或虹吸回流而产生的不期望的水流倒流的装置。防回流污染产生的技术措施一般可采用空气隔断、倒流防止器、真空破坏器等措施和装置。

三级和四级生物安全实验室防护区废水的污染风险是最高的,故必须集中收集进行有效的消毒灭菌处理。活毒废水处理设备宜设在最低处,便于污水收集和检修。排风系统的负压会破坏排水系统的水封,排水系统的气体也有可能污染排风系统。通气管应配备与排风高效过滤器相当的高效过滤器,且耐水性能好。高效过滤器可实现原位消毒,其设置位置应便于操作及检修,宜与管道垂直对接,便于冷凝液回流。

生物安全实验室的专用气体宜由高压气瓶供给,气瓶宜设置于辅助工作区,通过管道输送到各个用气点,并应对供气系统进行监测。气瓶设置于辅助工作区便于维护管理,避免了放在防护区时搬出消毒的麻烦。所有供气管穿越防护区处应安装防回流装置,用气点应根据工艺要求设置过滤器。这是为了防止气体管路被污染,同时也使供气洁净度达到一定要求。

给水排水与气体供应系统主要风险因素如表 5-4 所示。

给水排水与气体供应系统主要风险因素　　　　表 5-4

序号	识别项	风险描述	适用范围		
			二级	三级	四级
1	一般规定	给水排水干管、气体管道的干管,未敷设在技术夹层内;防护区内与本区域无关管道穿越防护区	√	√	√
2		防护区给水排水管道穿越生物安全实验室围护结构处未设可靠的密封装置或密封装置的严密性不能满足所在区域的严密性要求	√	√	√
3		使用的高压气体或可燃气体,没有相应的安全措施	√	√	√
4	给水	防护区给水管道未采取设置倒流防止器或其他有效防止回流污染的装置或这些装置未设置在辅助工作区	√	√	√
5		ABSL-3 和四级生物安全实验室未设置断流水箱		√	√
6		化学淋浴系统中的化学药剂加压泵未设置备用泵或未设置紧急化学淋浴设备		√	√
7		防护区的给水管路未以主实验室为单元设置检修阀门和止回阀		√	√
8		实验室未设洗手装置或洗手装置未设置在靠近实验室的出口处	√		
9		洗手装置未设在主实验室出口处或对于用水的洗手装置的供水未采用非手动开关		√	√
10		未设紧急冲眼装置	√	√	√
11		ABSL-3 和四级生物安全实验室防护区的淋浴间未根据工艺要求设置强制淋浴装置		√	√
12		大动物生物安全实验室和需要对笼具、架进行冲洗的动物实验室未设必要的冲洗设备	√	√	√
13		室内给水管材未采用不锈钢管、铜管或无毒塑料管等材料或管道未采用可靠的方式连接	√	√	√
14	排水	大动物房和解剖间等处的密闭型地漏不带活动网框或活动网框不易于取放及清理		√	√
15		防护区未根据压差要求设置存水弯和地漏的水封深度;构造内无存水弯的卫生器具与排水管道连接时,未在排水口以下设存水弯;排水管道水封处不能保证充满水或消毒液		√	√
16		防护区的排水未进行消毒灭菌处理		√	√
17		主实验室未设独立的排水支管或独立的排水支管上未安装阀门		√	√
18		活毒废水处理设备未设在最低处		√	√
19		ABSL-2 防护区污水的灭菌装置未采用化学消毒或高温灭菌方式	√		
20		防护区活毒废水的灭菌装置未采用高温灭菌方式;未在适当位置预留采样口和采样操作空间		√	√
21		防护区排水系统上的通气管口未单独设置或接入空调通风系统的排风管道		√	√
22		通气管口未设高效过滤器或其他可靠的消毒装置		√	√
23		辅助工作区的排水,未进行监测,未采取适当处理装置		√	√
24		防护区排水管道未采用不锈钢或其他合适的管材、管件;排水管材、管件不满足强度、温度、耐腐蚀等性能要求		√	√
25		双扉高压灭菌器的排水未接入防护区废水排放系统			√

续表

序号	识别项	风 险 描 述	适用范围		
			二级	三级	四级
26	气体供应	气瓶未设在辅助工作区;未对供气系统进行监测	√	√	√
27		所有供气管穿越防护区处未安装防回流装置,未根据工艺要求设置过滤器	√	√	√
28		防护区设置的真空装置,没有防止真空装置内部被污染的措施;未将真空装置安装在实验室内		√	√
29		正压服型生物安全实验室未同时配备紧急支援气罐或紧急支援气罐的供气时间少于 60 min/人		√	√
30		供操作人员呼吸使用的气体的压力、流量、含氧量、温度、湿度、有害物质的含量等不符合职业安全的要求			√
31		充气式气密门的压缩空气供应系统的压缩机未备用或供气压力和稳定性不符合气密门的供气要求		√	√

5.2.5　电气自控

在进行生物安全实验室设计方案的初设阶段,应首先根据工程的重要性(或称为生物安全实验室建设级别)来确定其用电负荷的等级、供电电源数量以及是否设置不间断电源和自备发电设备。生物安全实验室必须保证用电的可靠性。三级生物安全实验室应按一级负荷供电,当按一级负荷供电有困难时,应设置不间断电源。四级生物安全实验室必须按一级负荷供电,并设置不间断电源。

实验室出现正压和气流反向是严重的故障,可能导致实验室内有害气溶胶的外溢,危害人员健康及环境。实验室应建立有效的控制机制,合理安排送排风机启动和关闭时的顺序和时差,同时考虑生物安全柜等安全隔离装置及密闭阀的启、关顺序,有效避免实验室和安全隔离装置内出现正压和倒流的情况发生。为避免人员误操作,应建立自动联锁控制机制,尽量避免完全采取手动方式操作。

报警方案的设计异常重要,原则是不漏报、不误报、分轻重缓急、传达到位。当出现无论何种异常时,中控系统应有即时提醒,不同级别的报警信号要易区分。紧急报警应设置为声光报警,声光报警为声音和警示灯闪烁相结合的方式报警。报警声音信号不宜过响,以能提醒工作人员而又不惊扰工作人员为宜。监控室和主实验室内应安装声光报警装置,报警显示应始终处于监控人员可见和易见的状态。主实验室内应设置紧急报警按钮,以便需要时实验人员可向监控室发出紧急报警。

三级和四级生物安全实验室的自控系统应具有压力梯度、温湿度、联锁控制、报警等参数的历史数据存储显示功能,方便管理人员随时查看实验室参数历史数据,自控系统控制箱应设于防护区外。

电气自控系统主要风险因素如表 5-5 所示。

电气自控系统主要风险因素　　　　　　　　　　表 5-5

序号	识别项	风 险 描 述	适用范围		
			二级	三级	四级
1	配电	用电负荷低于二级	√		

续表

序号	识别项	风险描述	适用范围		
			二级	三级	四级
2	配电	BSL-3 实验室和 ABSL-3 中的 a 类和 b1 类实验室未按一级负荷供电时,未采用一个独立供电电源;特别重要负荷未设置应急电源;应急电源采用不间断电源的方式时,不间断电源的供电时间小于 30min;应急电源采用不间断电源加自备发电机的方式时,不间断电源不能确保自备发电设备启动前的电力供应		√	
3		ABSL-3 中的 b2 类实验室和四级生物安全实验室未按一级负荷供电;特别重要负荷未同时设置不间断电源和自备发电设备作为应急电源;不间断电源不能确保自备发电设备启动前的电力供应		√	√
4		未设有专用配电箱	√	√	√
5		专用配电箱未设在该实验室的防护区外		√	√
6		未设置足够数量的固定电源插座;重要设备未单独回路配电,未设置漏电保护装置	√	√	√
7		配电管线未采用金属管敷设;穿过墙和楼板的电线管且未加套管且未采用专用电缆穿墙装置;套管内未用不收缩、不燃材料密封		√	√
8	照明	室内照明灯具未采用吸顶式密闭洁净灯;灯具不具有防水功能		√	√
9		未设置不少于 30min 的应急照明及紧急发光疏散指示标志		√	√
10		实验室的入口和主实验室缓冲间入口处未设置主实验室工作状态的显示装置		√	√
11	自动控制	空调净化自动控制系统不能保证各房间之间定向流方向的正确及压差的稳定	√	√	√
12		自控系统不具有压力梯度、温湿度、联锁控制、报警等参数的历史数据存储显示功能;自控系统控制箱未设于防护区外		√	√
13		自控系统报警信号未分为重要参数报警和一般参数报警。重要参数报警为非声光报警和显示报警,一般参数报警为非显示报警。未在主实验室内设置紧急报警按钮		√	√
14		有负压控制要求的房间入口位置,未安装显示房间负压状况的压力显示装置		√	√
15		自控系统未预留接口	√	√	√
16		空调净化系统启动和停机过程未采取措施防止实验室内负压值超出围护结构和有关设备的安全范围		√	√
17		送风机和排风机未设置保护装置;送风机和排风机保护装置未将报警信号接入控制系统		√	√
18		送风机和排风机未设置风压差检测装置;当压差低于正常值时不能发出声光报警		√	√
19		防护区未设排风系统正常运转的标志;当排风系统运转不正常时不能报警;备用排风机组不能自动投入运行,不能发出报警信号		√	√
20		送风和排风系统未可靠联锁,空调通风系统开机顺序不符合 GB 50346—2011 第 5.3.1 条的要求		√	√
21		当空调机组设置电加热装置时未设置送风机有风检测装置;在电加热段未设置监测温度的传感器;有风信号及温度信号未与电加热联锁	√	√	√
22		空调通风设备不能自动和手动控制,应急手动没有优先控制权,不具备硬件联锁功能		√	√
23		防护区室内外压差传感器采样管未配备与排风高效过滤器过滤效率相当的过滤装置			√

续表

序号	识别项	风险描述	适用范围		
			二级	三级	四级
24	自动控制	未设置监测送、排风高效过滤器阻力的压差传感器		√	√
25		在空调通风系统未运行时,防护区送、排风管上的密闭阀未处于常闭状态		√	√
26	安全防范	实验室的建筑周围未设置安防系统			√
27		未设门禁控制系统		√	√
28		防护区内的缓冲间、化学淋浴间等房间的门未采取互锁措施		√	√
29		在互锁门附近未设置紧急手动解除互锁开关。中控系统不具有解除所有门或指定门互锁的功能		√	√
30		未设闭路电视监视系统		√	√
31		未在生物安全实验室的关键部位设置监视器		√	√
32	通信	防护区内未设置必要的通信设备		√	√
33		实验室内与实验室外没有内部电话或对讲系统		√	√

5.2.6　消防

对实验室来说,消防安全和生物安全同样重要,只是对不同类型的实验室而言,其防护特点不同。生物安全实验室具有一定的特殊性,如:实验室操作/保存了可传染性病原体或饲养了带病毒或细菌的动物;实验室内的仪器设备大多为用电设备,且价格昂贵;实验室内的工作人员较少,在发生火灾疏散时,不易造成人员拥挤和堵塞;实验室内的易燃物有限等等。生物安全实验室内的设备、仪器一般比较贵重,但生物安全实验室不仅仅是考虑仪器的问题,更重要的是保护实验人员免受感染和防止致病因子的外泄。

三级和四级生物安全实验室的消防设计原则与一般建筑物有所不同,尤其是四级生物安全实验室,除了首先考虑人员安全外,还必须要考虑尽可能防止有害致病因子外泄。因此,首先强调的是火灾的控制。除了合理的消防设计外,在实验室操作规程中,建立一套完善、严格的应急事件处理程序,对处理火灾等突发事件、减少人员伤亡和污染物外泄是十分重要的。

三级和四级生物安全实验室防护区不应设置自动喷水灭火系统和机械排烟系统,但应根据需要采取其他灭火措施。如果自动喷水灭火系统在三级和四级生物安全实验室中启动,极有可能造成有害因子泄漏。规模较小的生物安全实验室,建议设置手提灭火器等简便灵活的消防用具。

消防主要风险因素如表 5-6 所示。

消防主要风险因素　　　　　　　　　　　　　　　　表 5-6

序号	识别项	风险描述	适用范围		
			二级	三级	四级
1	耐火等级	耐火等级低于二级	√		
2		耐火等级低于二级		√	

续表

序号	识别项	风险描述	二级	三级	四级
3	耐火等级	耐火等级不为一级			√
4		不是独立防火分区；三级和四级生物安全实验室共用一个防火分区，其耐火等级不为一级			√
5	疏散指示	疏散出口没有消防疏散指示标志和消防应急照明措施	√	√	√
6	材料要求	吊顶材料的燃烧性能和耐火极限低于所在区域隔墙的要求；与其他部位隔开的防火门不是甲级防火门		√	√
7	灭火措施	生物安全实验室未设置火灾自动报警装置和合适的灭火器材		√	√
8		防护区设置自动喷水灭火系统和机械排烟系统；未根据需要采取其他灭火措施		√	√

5.2.7 关键防护设备

生物安全实验室关键防护设备是指我国认证认可行业标准《实验室设备生物安全性能评价技术规范》RB/T 199—2015 给出的 12 种设备，分别为生物安全柜、动物隔离设备、独立通风笼具（IVC）、压力蒸汽灭菌器、气（汽）体消毒设备、气密门、排风高效过滤装置、正压防护服、生命支持系统、化学淋浴消毒装置、污水消毒设备、动物残体处理系统（包括碱水解处理和炼制处理）。这 12 种关键防护设备在建设阶段应考虑的主要风险在于其选型、设计位置、安装及性能保证等。

5.2.7.1 生物安全柜

生物安全柜是实现第一道物理隔离的关键产品，是生物安全实验和研究的第一道屏障，也是最重要的屏障之一。生物安全柜的质量直接关系到科研和检测人员的生命安全，关系到实验室周围环境的生物安全，同时也直接关系到实验结果的准确性。

我国产品标准《生物安全柜》JG 170—2005 根据安全柜排风方式、循环空气比例、柜内气流形式、工作窗口进风平均风速和保护对象几个重要特征进行了分级分类，如表 5-7 所示。

生物安全柜分级、分类表　　表 5-7

级别	类型	排风	循环空气比例（%）	柜内气流	工作窗口进风平均风速（m/s）	保护对象
Ⅰ级	—	可向室内排风	0	乱流	≥0.40	使用者和环境
Ⅱ级	A1型	可向室内排风	70	单向流	≥0.40	使用者、受试样本和环境
	A2型	可向室内排风	70	单向流	≥0.50	
	B1型	不可向室内排风	30	单向流	≥0.50	
	B2型	不可向室内排风	0	单向流	≥0.50	
Ⅲ级	—	不可向室内排风	0	单向流或乱流	无工作窗进风口，当一只手套筒取下时，手套口风速≥0.7	主要是使用者和环境，有时兼顾受试样本

对于生物安全柜而言，生物安全实验室建设阶段初始风险评估需要考虑的主要风险因素有：安全柜类型选择、安全柜排风安装要求、安全柜位置要求等。

1. 选型

生物安全实验室可按表 5-8 的原则选用生物安全柜，实验室可根据自己的实际使用情况选用适用的生物安全柜。对于放射性的防护，由于可能有累积作用，即使是少量的，建议也采用全排型生物安全柜。

生物安全实验室选用生物安全柜的原则 　　　　　　　表 5-8

防护类型	选用生物安全柜类型
保护人员，一级、二级、三级生物安全防护水平	Ⅰ级、Ⅱ级、Ⅲ级
保护人员，四级生物安全防护水平，生物安全柜型	Ⅲ级
保护人员，四级生物安全防护水平，正压服型	Ⅱ级
保护实验对象	Ⅱ级、带层流的Ⅲ级
少量的、挥发性的放射和化学防护	Ⅱ级 B1，排风到室外的Ⅱ级 A2
挥发性的放射和化学防护	Ⅰ级、Ⅱ级 B2、Ⅲ级

在生物安全实验室建设阶段常会面临的问题是 A2、B2 型生物安全柜的选型问题，很多实验室使用方认为"B2 型安全柜为全排型安全柜，因为全排所以对操作人员安全"，就坚持要求选用 B2 型生物安全柜。由于 B2 型生物安全柜排风量较大（一般不小于 $1500\text{m}^3/\text{h}$），排风就需要补风，存在排风、补风的联锁控制问题，对自控系统要求较高，另外，B2 型生物安全柜的使用能耗较大，运行费用较高，所以在实际工程项目中应根据工作需求来选型，不宜过度选择。有关 B2 型生物安全柜的使用问题可参照文献《高级别生物安全实验室中Ⅱ B2 型生物安全柜气流控制模式研究》。

2. 安全柜排风安装要求

在生物安全实验室中，实际使用比较多的生物安全柜类型为 A2、B2 型。A2 型生物安全柜为 30% 外排，常见问题为安全柜排风方式问题。A2 型安全柜可以外接排风风管（风管直连）；也可以向室内排风，此时要求 A2 型生物安全柜的排风口紧邻房间排风口，或通过连接排风风管的局部排风罩的形式罩住安全柜排风口，连接方式如图 5-3 所示，该方式为推荐的 A2 型安全柜排风连接方式。

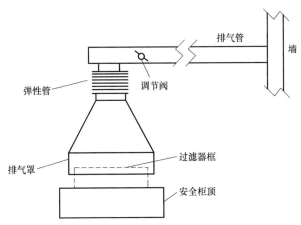

图 5-3　推荐的 A2 型安全柜排风连接方式

B2 型生物安全柜为 100% 外排，需要外接排风风管，建设阶段要求如下：（1）通风系统设计要求考虑 B2 型生物安全柜的排风量、新风补风量问题；（2）排风系统设计充分考虑克服安全柜、管道、阀门等阻力，否则需要设置助力风机，避免出现因排风量不足，安全柜无法启动的问题；（3）安全柜启停与通风系统的联锁控制问题，要防止排风量不足时安全柜的送风机却继续工作，致使安全柜内气溶胶倒流至室内；（4）预留消毒和检测接口，预留安全柜维护操作空间。

3. 安全柜位置要求

A2、B2 型生物安全柜的安装位置要求三个"远离"：（1）应远离生物安全实验室核心工作间入口；（2）应远离房间送风口区域；（3）应远离工作人员频繁走动的区域。另外，应有利于形成气流由"清洁"区域流向"污染"区域的气流流型，如图 5-4 所示。

图 5-4　生物安全柜安装位置示意图

实际工程项目中经常会遇到一些生物安全柜安装位置不对的问题，尤其是 P2 级生物安全实验室，一般情况下 P3 和 P4 实验室都是由专业设计院设计、专业工程公司施工完成的，往往经过多次的业内专家评审，不会出现类似问题，但我国有很多 P2 实验室的建设是由非专业工程公司施工的，这些公司可能做过洁净室的设计、施工，但对生物安全实验室定向流的基本原理并不清楚。另外，有些 P3 实验室在建好以后向室内增添了生物安全柜，此时安全柜的安装位置可能就会出现上述问题。

5.2.7.2　动物隔离设备

动物隔离设备分为气密式和非气密式两种。对于动物隔离设备而言，生物安全实验室建设阶段初始风险评估需要考虑的主要风险因素有：动物隔离设备类型选择、设备排风连接方式、设备安装位置等。实验室在选型时根据实际工作需要确定选用气密式或非气密式动物隔离设备，根据饲养动物的类型选择啮齿动物隔离器、禽用隔离器、猪隔离器、猴隔离器、雪貂隔离器等。动物隔离设备的排风连接方式一般为外接排风风管方式，其安装位置应位于排风口侧，即核心工作间的污染区。

5.2.7.3　独立通风笼具（IVC）

独立通风笼具（Individually Ventilated Cages，IVC）属于动物隔离设备的一种，主要用于小型啮齿类实验动物（小鼠或兔等）的饲养，具有节约能源、设备维护和运行费用低、防止交叉感染等优点，已越来越多地应用在动物实验室中。对于 IVC 而言，生物安全实验室建设阶段初始风险评估需要考虑的主要风险因素有：IVC 类型选择、排风连接方式、设备安装位置等。

生物安全实验室主要使用负压 IVC 隔离笼具，笼盒气密性应符合 RB/T 199—2015 的要求，但在实际工程项目中，有的实验室在采购 IVC 时，并未对设备供货商提出笼盒气密性要求，致使 IVC 不能通过检测验收和认证认可。IVC 的排风连接方式一般为外接排风风管方式，其安装位置应位于排风口侧，即核心工作间的污染区。

5.2.7.4　压力蒸汽灭菌器

1. 生物安全型压力蒸汽灭菌器简介

压力蒸汽灭菌器在高等级生物安全实验室中是不可或缺的重要设备，目前国际上高压灭菌器广泛采用的处理方法是高温高压灭菌法，以蒸汽作为灭菌因子，在灭菌器不存在冷空气的条件下，充入纯蒸汽并施加压力可提高蒸汽温度，当蒸汽与物品充分接触时放出潜热加热物品，达到杀菌目的。高温灭菌消毒的原理是高温对微生物具有明显的致死作用，用高温处理微生物时可对菌体蛋白质、核酸、酶系统等产生直接破坏作用，可使蛋白质中的氢键破坏，从而使蛋白质变性和凝固，使酶失去活性，导致菌体死亡。高温灭菌消毒具有效果可靠、性能稳定、对自然环境无污染的优点。

生物安全型脉动真空灭菌器主要由灭菌室腔体、夹套、蒸汽发生器、真空泵、软化水泵、腔门及密封圈、管路系统、空气过滤器、电气及控制系统等组成。压力蒸汽灭菌器可根据生物安全实验室的需求，设置多个灭菌程序，分别为固体灭菌、敞开液体灭菌、封口液体灭菌、密封测试、过滤器消毒、橡胶塞灭菌、常规 121℃灭菌、BD 测试程序。

生物安全型压力蒸汽灭菌器与一般压力蒸汽灭菌器的主要区别在于以下两个方面：

（1）灭菌室腔体内气体必须经过高效过滤处理后排放

生物安全型压力蒸汽灭菌器的灭菌室腔体底部的排放口用于蒸汽和冷凝水排放，蒸汽通过腔体底部的排放口进入，同时灭菌冷凝水，所有的冷凝水一直留存在腔体内和装载的物品一起被灭菌。冷凝水发生在灭菌过程第三步——灭菌阶段。该阶段蒸汽持续进入灭菌室腔体，腔内压力和温度同时上升，并根据预设的程序在 121℃处保持 30min。在此过程中，腔中蒸汽不断放热并液化成水，高温高压的蒸汽通过灭菌室蒸汽阀补充进去维持腔内温度和压力，腔体内所有菌体将被彻底杀灭。

（2）冷凝水必须经过高温高压消毒灭菌后排放

高等级生物安全实验室防护区一侧的门在开门时，可能会有含病原微生物的空气进入高压灭菌器腔体，因此在抽真空时腔体内气体必须经过高效过滤后方可排出，高效过滤器在每个灭菌循环都被灭菌。腔体抽真空发生在灭菌过程第一步——负脉冲阶段。该阶段真空泵通过灭菌室腔体底部的冷凝水排放口把腔体抽至近真空（0.15bar），腔体内气体经冷凝器冷却后经高效过滤器过滤后排出，接着灭菌室蒸汽阀打开，当腔体内蒸汽压力达到 0.8bar 左右，真空泵再次启动将其抽至近真空。如此反复抽放 3 次可基本抽空灭菌室内原有空气，降低其不冷凝气体含量，提高灭菌效果。

2. 建设阶段应考虑的主要风险因素

世界卫生组织（WHO）颁布的《实验室生物安全手册》（第 3 版）"第 4 章　防护实验室——三级生物安全水平，实验室的设计和设施"第 12 条："防护实验室中应配置用于污染废弃物消毒的高压灭菌器。如果感染性废弃物需运出实验室处理，则必须根据国家或国际的相应规定，密封于不易破裂的、防泄漏的容器中"。

《实验室生物安全通用要求》GB 19489—2008 第 6.3.5.1 条："应在实验室防护区内

设置生物安全型高压蒸汽灭菌器。已安装专用的双扉高压灭菌器，其主体应安装在易维护的位置，与围护结构的连接之处应可靠密封"。

《生物安全实验室建筑技术规范》GB 50346—2011 第 4.1.14 条："三级生物安全实验室应在防护区内设置生物安全型双扉高压灭菌器，主体一侧应有维护空间"。

从以上描述中可以看出，WHO手册与我国规范中对实验室污染物的处理设备选择及安装方式有着细微的差别。WHO手册原文所述为："An autoclave for the decontamination of contaminated waste materialshould be available in the containment laboratory."可以看出 WHO 手册中仅仅要求三级生物安全实验室内设置高压蒸汽灭菌器，并没有像我国规范中要求的采用"双扉高压灭菌器"；同样，WHO手册也没有强调具体的安装位置，相比而言，我国因为要求设置双扉高压灭菌器，所以对安装位置及维修方式都做出的细致的要求。

国家标准 GB 19489—2008 对压力蒸汽灭菌器的要求汇总如表5-9所示。

GB 19489—2008 有关压力蒸汽灭菌器要求 表 5-9

条文号	压力蒸汽灭菌器的要求	备注
6.3.5.1	应在实验室防护区内设置生物安全型高压蒸汽灭菌器。宜安装专用的双扉高压灭菌器，其主体应安装在易维护的位置，与围护结构的连接之处可靠密封	适用于三、四级生物安全实验室
6.3.5.3	高压蒸汽灭菌器的安装位置不应影响生物安全柜等安全隔离装置的气流	
6.4.6	应在实验室的核心工作间内配备生物安全型高压蒸汽灭菌器；如果配备双扉高压灭菌器，其主体所在房间的室内气压应为负压，并应设在实验室防护区内易更换和维护的位置	适用于四级生物安全实验室

对于压力蒸汽灭菌器而言，生物安全实验室建设阶段初始风险评估需要考虑的主要风险因素有：压力蒸汽灭菌器类型选择、设备安装位置等。

（1）选型问题

高等级生物安全实验室内使用的压力蒸汽灭菌器必须选择生物安全型灭菌器，而非一般压力蒸汽灭菌器，这一点需特别予以注意。

（2）设备安装位置问题

高等级生物安全实验室内使用的压力蒸汽灭菌器主体应安装在易维护的位置，具体为：对于安装在防护走廊与洗消间之间的生物安全型高压蒸汽灭菌器，其主体应在洗消间一侧；对于安装在核心工作间与防护走廊之间的生物安全型高压蒸汽灭菌器，其主体应在防护走廊一侧。

5.2.7.5 气（汽）体消毒设备

生物安全实验室防护区域内的消毒灭菌是规避实验室感染风险的有效措施，防护区内不能蒸汽消毒的设备及围护结构表面多采用气体消毒设备。化学消毒剂喷雾方式在我国目前运行中的高等级生物实验室中被普遍采用。较常见的化学试剂有：甲醛、过氧化氢（H_2O_2）、二氧化氯（ClO_2），气（汽）体消毒设备一般为可移动式设备。

对于气（汽）体消毒设备而言，生物安全实验室建设阶段初始风险评估需要考虑的主要风险因素有：气（汽）体消毒设备选型、空间消毒方式（密闭熏蒸消毒或大系统循环消毒）等。有关这两个问题的分析可参照文献《高等级生物安全实验室空间消毒模式风险评估分析》，该文主要结论按照消毒设备选型、房间消毒连接方式两个主要风险因素进行归类分析：

1. 气（汽）体消毒设备选型

与传统消毒剂甲醛相比，过氧化氢和二氧化氯具有消毒高效、速效、环保和使用便利等优点，使用这两种消毒剂进行高等级生物安全实验室消毒的用户逐渐增多。

2. 空间消毒方式（密闭熏蒸消毒或大系统循环消毒）

目前，生物安全实验室房间消毒方式主要有两大类，一是房间密闭熏蒸消毒，如图5-5 所示；二是大系统循环消毒，如图 5-6 所示。

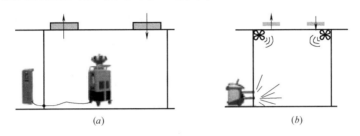

图 5-5　密闭熏蒸消毒示意图

（a）房间内发生消毒剂气体；（b）房间外发生消毒剂气体送入室内

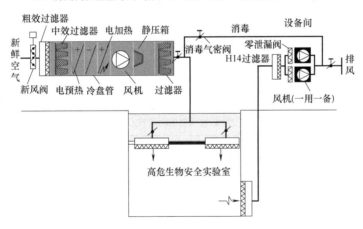

图 5-6　通风大系统消毒模式示意图

生物安全实验室空间消毒方式常见问题汇总如下：

（1）从生物安全风险评估的角度来看，通风大系统消毒模式对生物安全风险的控制优于密闭熏蒸消毒模式，应是高等级生物安全实验室消毒模式的首选。但受制于过氧化氢（或二氧化氯）进口消毒设备的价格，我国目前较多采用密闭熏蒸消毒模式，建议采用主机放置在室外且具备调节室内负压功能的消毒设备。

（2）甲醛、过氧化氢和二氧化氯的消毒效果均与室内相对湿度存在显著相关性，其中甲醛、二氧化氯消毒要求室内加湿，过氧化氢消毒要求室内除湿。当采用密闭熏蒸消毒模式时，尤其是消毒设备主机放置在核心工作间内时，随着室内相对湿度的变化，房间温度、压力均会发生相应变化，房间可能会产生正压，存在污染物外泄风险。

（3）采用密闭熏蒸消毒模式时，为降低生物安全风险，应加强对围护结构气密性的维护和年度检测验证；为进一步降低风险，可采用消毒过程中保持排风密闭阀开启的方式对外泄气体进行疏导；也可在消毒过程中设置并运行消毒负压工况，维持实验室－40～－20Pa的静压差及有序的压力梯度。

5.2.7.6　气密门

生物安全实验室围护结构气密性是实验室与外界环境隔离的物理基础，是生物安全可靠性的重要保证，而气密门是实验室围护结构中不可或缺的重要组成部分。气密门应用于高级别生物安全实验室中具有气密性要求的房间，以保证实验室围护结构的气密性。

气密门分为机械压紧式气密门及充气式气密门两种。气密门最重要的性能指标是气密性。对于气密门而言，生物安全实验室建设阶段初始风险评估需要考虑的主要风险因素有：气密门使用范围界定、安装方式等。

1. 气密门使用范围界定

常见问题是如何确定气密门的使用范围，即整个防护区还是仅核心工作间、相邻缓冲间（四级生物安全实验室为化淋）、四更；是否包括防护走廊。

国家标准 GB 19489—2008 对四级、大动物三级生物安全实验室防护区及气密性要求有明确定义，如表5-10所示。

GB 19489—2008 有关四级生物安全实验室防护区定义及气密性要求　　表 5-10

类别	条文号	防护区定义或气密性条文要求	备注
BSL-4	6.4.3	适用于4.4.2的实验室防护区应至少包括防护走廊、内防护服更换间、淋浴间、外防护服更换间和核心工作间	防护区定义
	6.4.4	适用于4.4.4的实验室防护区应包括防护走廊、内防护服更换间、淋浴间、外防护服更换间、化学淋浴间和核心工作间	防护区定义
	6.4.8	实验室防护区围护结构的气密性应达到在关闭受测房间所有通路并维持房间内的温度在设计范围上限的条件下，当房间内的空气压力上升到500 Pa后，20min 内自然衰减的气压小于250Pa	气密性要求
ABSL-4	6.5.4.6	动物饲养间及其缓冲间的气密性应达到在关闭受测房间所有通路并维持房间内的温度在设计范围上限的条件下，当房间内的空气压力上升到500Pa后，20min 内自然衰减的气压小于250Pa	气密性要求
大动物 ABSL-3	6.5.3.5	适用于4.4.1的实验室防护区应至少包括淋浴间、防护服更换间、缓冲间及核心工作间。当不能有效利用安全隔离装置饲养动物时，应根据进一步的风险评估确定实验室的生物安全防护要求	防护区定义，适用于大动物 ABSL-3
大动物 ABSL-3	6.5.3.18	适用于4.4.3的动物饲养间及其缓冲间的气密性应达到在关闭受测房间所有通路并维持房间内的温度在设计范围上限的条件下，若使空气压力维持在250Pa时，房间内每小时泄漏的空气量应不超过受测房间净容积的10%	气密性要求

注：表中 4.4.1～4.4.4 均指 GB 19489—2008 的条文号。

对表 5-10 可以看出：

（1）GB 19489—2008 对大动物 ABSL-3 实验室围护结构气密性要求的房间有淋浴间、防护服更换间、缓冲间及核心工作间；

（2）GB 19489—2008 对四级生物安全实验室围护结构气密性有要求的是整个防护区，即包括了淋浴间、内防护服更换间、防护走廊，虽然第 6.5.4.6 条规定 ABSL-4 的动物饲养间及其缓冲间气密性应满足压力衰减法气密性要求，但由于有关 ABSL-4 的条文规定是向上兼容的，即应满足所有 BSL-4 实验室的要求，气密性仍要求的是整个防护区，这一点需要特别注意。

对于四级生物安全实验室，由于内防护服更换间、淋浴间一般面积较小，且其围护结构往往只有两道门，气密性要求相对比较容易满足；但防护走廊一般面积较大，且其围护结构往往有多道门，有的甚至设置 10～20 道门，所以问题的焦点在于防护走廊的气密性要求，目前国内已建四级生物安全实验室防护走廊暂不能满足压力衰减法气密性要求，有关防护走廊气密性问题仍有待研究确定。

2. 气密门安装方式

机械压紧式气密门主要由门框、门体、门体密封圈、机械压紧机构和电气控制装置组成，其中密封圈安装在门体上。其工作原理为：门关闭时，通过压紧机构使门与门框之间的静态高弹性密封圈压紧，以使门和门框之间形成严格密封。

充气式气密门主要由门框、门板、充气密封胶条、充放气控制系统等组成，其中充气密封胶条镶嵌在门板骨架的凹槽内。其工作原理为：门开启时，充气密封胶条放气收缩在凹槽里；门关闭时，充气密封胶条充气膨胀，使门和门框之间形成严格密封，同时门被紧紧锁住。充气式气密门结构图如图 5-7 所示。

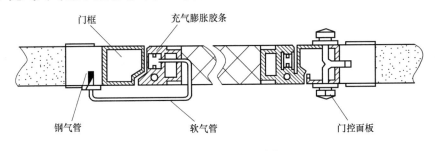

图 5-7　充气式气密门结构图

5.2.7.7　排风高效过滤装置

排风高效过滤单元是生物安全实验室的核心设备，起到举足轻重的作用。如果排风高效过滤单元结构不合理、过滤器安装不当或本身泄漏，将导致危害生物因子外逸，对环境造成污染。可以说排风高效过滤装置是实验室内空气排向室外的最后一道防线，如果泄漏，后果不堪设想。

从使用特点上，应用于高级别生物安全实验室的排风高效过滤装置根据其安装位置，分为风口式（安装于实验室围护结构上）和管道式（也称单元式，安装于实验室防护区外，通过密闭排风管道与实验室相连），就密封性需求而言，一般不对风口式的排风过滤装置进行单独要求，而是视其为实验室围护结构的一部分，满足整体性密封要求即可。国家标准 GB 19489—2008 对排风高效过滤器装置的条文要求汇总如表 5-11 所示。

GB19489—2008 有关排风高效过滤装置要求

表 5-11

条文号	排风高效过滤装置要求	备注
6.3.3.8	应可以在原位对排风 HEPA 过滤器进行消毒灭菌和检漏（参见附录 A）	适用于三、四级生物安全实验室
6.3.3.9	如在实验室防护区外使用高效过滤器单元，其结构应牢固，应能承受 2500Pa 的压力；高效过滤器单元的整体密封性应达到在关闭所有通路并维持腔室内的温度在设计范围上限的条件下，若使空气压力维持在 1000Pa 时，腔室内每分钟泄漏的空气量应不超过腔室净容积的 0.1%	
6.4.15	实验室的排风应经过两级 HEPA 过滤器处理后排放	适用于四级生物安全实验室
6.5.3.14	适用于 4.4.3 的动物饲养间，应根据风险评估的结果，确定其排出的气体是否需要经过两级 HEPA 过滤器的过滤后排出	适用于大动物三级生物安全实验室
6.5.3.15	适用于 4.4.3 的动物饲养间，应可以在原位对送风 HEPA 过滤器进行消毒灭菌和检漏	适用于大动物三级生物安全实验室

注：1. GB 19489—2008 第 6.4.16 条规定："应可以在原位对送风 HEPA 过滤器进行消毒灭菌和检漏"，适用于四级生物安全实验室，送风 HEPA 检漏和消毒要求参照排风 HEPA。
　　2. 表中 4.4.3 是指 GB 19489—2008 的条文号，附录 A 指该标准的附录。

对于排风高效过滤装置而言，生物安全实验室建设阶段初始风险评估需要考虑的主要风险因素有：排风高效过滤装置选用、安装位置要求、一级或两级要求等。由于排风高效过滤装置具有原位消毒灭菌和检漏要求，为专用装置（此处称之为生物安全型排风高效过滤装置），普通高效空气过滤装置由于不能原位消毒灭菌和检漏，不能用于高级别生物安全实验室。国家建筑工程质量监督检验中心近 3 年检测了国内外 8 个厂家共约 1000 台生物安全型排风高效过滤装置，检测项目包括箱体气密性（适用于安装于防护区外的排风高效过滤装置）、高效过滤器检漏，详见专著《生物安全实验室关键防护设备性能现场检测与评价》。

5.2.7.8　正压防护服

正压防护服是指将人体全部封闭、用于防护有害生物因子对人体伤害、正常工作状态下内部压力不低于环境压力的服装，主要用于正压服型的生物安全四级实验室。主要特点是防护服内的气体压力高于环境的气体压力，以此来隔断在污染区内实验人员暴露在气溶胶、放射性尘埃以及喷溅物、意外接触等造成的危害。目前我国已建成若干个生物安全四级实验室，均采用正压防护服作为首选的个体防护装备。

对于正压防护服而言，生物安全实验室建设阶段初始风险评估需要考虑的主要风险因素有：正压防护服选用、对房间压力梯度的影响等。正压防护服的选用应考虑自身材质耐腐蚀性、气密性、待穿人员身材等，数量应满足实验室实际工作需求。在进行生物安全实验室通风系统及自控系统设计时，应考虑正压防护服排气对室内压力梯度的影响，应有自动控制调节措施。

5.2.7.9　生命支持系统

生命支持系统是为了满足正压防护服的使用而配套的系统，主要由空气压缩机、紧急支援气罐、不间断电源、储气罐、气体浓度报警装置、空气过滤装置及相应的阀门、管道、元器件等组成。其中空气压缩机吸收空压机室内的空气，经过压缩为系统提供一定压力的压缩空气（一般为 10bar 左右）；紧急支援气罐是为了在系统不能正常供给所需气体时，短时间内维持系统正常供气所配置；不间断电源是为了在主电源故障时维持系统正常运行所配置；气体浓度报警装置可以实时监测系统供给的压缩空气的主要成分的浓度，以保证实验室操作人员的正常使用；空气过滤装置及储气罐等可以保证所供给实验室的气体的主要成分的浓度及储备。

对于生命支持系统而言，生物安全实验室建设阶段初始风险评估需要考虑的主要风险因素有：空气压缩机冗余设计、紧急支援气罐、不间断电源、气体浓度报警、储气罐、减压阀设置等。生命支持系统风险控制的核心点集中在空气压缩机可靠性、紧急支援气罐可靠性、报警装置可靠性、不间断电源可靠性、供气管道气密性。

空气压缩机可靠性应满足空气压缩机有备用，可自动切换；紧急支援气罐可靠性应满足空气压缩机故障时，可自动切换至紧急支援气罐供气；报警装置可靠性应可以实现 CO、CO_2、O_2 气体浓度超限报警，气体温度湿度在一定范围内可调；不间断电源可靠性应满足供电时间应不少于 60min（或保证气源不少于 60min）；供气管道气密性应满足管道整体及接口的气密性检测无皂泡。

5.2.7.10　化学淋浴消毒装置

化学淋浴消毒装置是高级别生物安全实验室中一个关键的防护设备，适用于身着防护服的人员消毒，在人员离开高污染区时防止可能产生的污染。其结构组成主要包括：水箱、两道互锁式气密门（常规为充气式气密门）、加药系统、喷淋系统、控制系统、送/排风系统、排水系统及供气系统（提供给正压防护服）。化学淋浴消毒装置为独立一套装置，其给水排水防回流措施、液位报警装置、箱体气密性、送/排风高效过滤器性能等由设备供货商确保质量符合标准要求。

对于化学淋浴消毒装置而言，生物安全实验室建设阶段初始风险评估需要考虑的主要风险因素有：预留安装位置、与实验室围护结构的衔接、与实验室通风空调系统的衔接、与实验室供气系统的衔接、与实验室给水排水系统的衔接、预防箱体或阀门等漏水而设置围挡或地漏。

由于化学淋浴消毒装置的水箱、供水管、水阀等存在漏水的风险，故其安装位置应设置水围挡或地漏，确保漏出的水不会无组织流淌。若化学淋浴消毒装置的水箱、供水管、水阀等安装在实验室所在楼层的上面一层（管道层），即化学淋浴消毒装置水箱所在楼板为实验室防护区顶板，不便于在其附近安装地漏（考虑围护结构气密性或防护区室内美观等因素），此时应设置水围挡（堰）。

5.2.7.11　污水消毒设备

生物安全实验室产生的废水、废液中常常含有各种病原微生物，如细菌、病毒、真菌以及寄生虫等，具有很大的危害性，如不进行严格的消毒灭菌处理，将有可能污染外界环境、引发传染病流行，严重危害人类的健康。目前，生物安全实验室活毒废水的处理方法主要有物理、化学、生物处理法。高温灭活处理法的原理是利用高温对病原微生物等的灭活致死作用，现已成为生物安全实验室处理活毒废水常用方法。

目前国内外流行高温灭活处理法，根据处理废水的方式可分为序批式和连续式两种方式。二者的根本区别在于序批式活毒废水处理工艺将废水储存后再处理，连续式活毒废水处理工艺则采取边收集边处理的方式。两种方式都是可行的，有各自的特点，在世界上不同的三、四级生物安全实验室都有工程实例。例如法国里昂四级生物安全实验室活毒废水处理采用的是连续式，美国某四级生物安全实验室活毒废水处理采用的是序批式，澳大利亚的四级生物安全实验室活毒废水处理既采用了连续式又采用了序批式，备有两套处理系统，可以互相切换使用。

对于污水消毒设备而言，生物安全实验室建设阶段初始风险评估需要考虑的主要风险因素有：处理工艺系统选择、污水处理站围护结构及机电系统设计。

1. 处理工艺系统选择

对于我国生物安全实验室的活毒废水处理设计，可根据业主的投资情况、活毒废水处理间的占地面积、高温灭菌的热源采用蒸汽还是电加热、活毒废水是否需要预处理工艺等不同情况，选定合适的处理工艺。

序批式处理工艺主要用于水中杂质比较多的废水，如动物房内产生的含病原性微生物的废水等。而连续式处理工艺在处理大水量废水同时水中杂质比较少时更能体现它的优点。为了保证连续式系统正常运行，设备厂家需一个月上门检修一次，每次检修时间为8h，所以建议采用连续式系统时，为防止事故发生，宜多安装一个序批式的夹套储罐备用。这样一来，该系统比序批式处理工艺占地面积小又能做到热能循环利用，同时又大大提高了安全系数。

2. 污水处理站围护结构及机电系统设计

三级和四级生物安全实验室防护区废水的污染风险是最高的，故必须集中收集进行有效的消毒灭菌处理。三、四级生物安全实验室污水处理站属于生物安全风险相对较高的区域，应按生物安全实验室防护区进行处理，生物安全防护级别应不低于核心工作间的防护级别。以大动物 ABSL-3 实验室污水处理站为例，其防护级别不低于大动物 ABSL-3 的要求：工艺平面功能房间应至少包括缓冲间、污水处理核心工作间；围护结构气密性符合恒压法气密性要求；设有全新风通风空调系统，排风应经可原位消毒灭菌和检漏的高效空气过滤装置处理后高空排放；重要负荷（通风风机、应急照明、自控系统等）设有不小于30min 供电的 UPS 电源。

5.2.7.12 动物残体处理设备

根据处理动物残体的方式可分为焚烧炉焚烧、高温高压处理、碱水解、高温高压处理＋焚烧炉焚烧四种方式。

1. 碱水解

碱水解是一项湿处理技术，在高温条件下（常用温度 150℃）是最有效的。这种技术能够以加热和化学的方法将液体和固体废弃物消毒，并利用碱金属化合物（如 KOH、NaOH 等）将蛋白质（包括朊病毒）、脂肪和核酸消解。已经证明，当碱水解过程在足够高的温度下进行时，这种方法在正常组织分解过程中破坏了朊病毒的传染性。通过碱水解方法得到的组织分解产物是一种咖啡色、无菌、氨基酸水溶液、肽、脂肪酸盐、糖类和电解液。

该系统是由多个罐体组成，容器的尺寸可以有很大的变化，大的可以处理 4550kg 动物残体，小的只有 50kg。KOH 和 NaOH 这类碱金属化合物会被泵入容器内部，并在热炼过程中循环。固体残留物约为原体积的 3% 左右。美国堪萨斯州立大学生物安全研究所采用了碱水解处理动物残体的方式。

2. 焚烧炉焚烧方式

焚烧炉焚烧方式处理固体废弃物是以往三、四级生物安全实验室最普遍采用的一种方式，其优点是可以彻底灭活所有病原微生物（包括朊病毒），处理后残留体积小，降低了对灭菌后二次垃圾的处理量，但焚烧时产生的废气对环境可造成一定程度的污染。澳大利亚动物卫生研究所采用了这种方式处理固体废弃物，其焚烧炉共两台，一备一用。焚烧炉的工作流程：第一道气密门位于解剖室内，当第一道气密门打开时，第二道和第三道气密门处于关闭状态，将动物残体等固体废弃物投入第一道和第二道气密门之间；关闭第一道气密门，打开第二道气密门，固体废弃物掉入第二道和第三道气密门之间；关闭第二道气密门，打开第三道气密门，固体废弃物掉入一次燃烧室，在约 600℃ 条件下燃烧，产生的烟气在二次燃烧室内 850～1200℃ 燃烧，分解有害物质。

3. 高温高压处理方式

加拿大人类和动物健康科学中心和美国农业部国家动物疫病中心的 ABSL-3 实验室对动物残体等固体废弃物采用了 125℃、30min 高温高压加搅拌的处理方式。据介绍，经高温高压后动物残体（包括骨头）很容易搅碎。经处理后的动物残体等固体废弃物装入塑料袋填埋废弃矿坑或加工成肥料。

4. 高温高压处理后焚烧

有些研究单位在其 BSL-3、BSL-4 和/或 ABSL-3、ABSL-4 实验室建成之前已有固体废弃物焚烧设备，后建成的生物安全实验室很难直接利用这些设备，另建新的焚烧设备又导致一定程度的浪费，故采用了对动物残体等固体废弃物高温高压处理后焚烧的处理方式。如日本国家动物卫生研究所的 BSE 研究中心即采取了这种处理方式，该中心对 BSE 实验动物残体等固体废弃物经 135℃、30min 高温高压灭菌后，再送至焚烧炉焚烧，以达到对朊病毒彻底灭活的目的。

对于动物残体处理设备而言，生物安全实验室建设阶段初始风险评估需要考虑的主要风险因素有：处理工艺选择、处理站围护结构及机电系统设计。

1. 处理工艺选择

由于焚烧炉焚烧动物残体时会排放二噁英等有害气体，污染环境，国外新建的生物安全实验室多已采用碱水解的方式替代焚烧方式处理动物残体，焚烧炉的使用在我国也受到一定限制。与焚烧炉相比，高温碱水解处理动物残体具有以下优点：

（1）组织处理器占地仅为焚烧炉的 1/5，大大节省了占地面积。

（2）高温水解处理成本为 3～15 美分/磅，焚烧炉处理成本为 48～77 美分/磅。

（3）组织处理器既可垂直也可水平安装，进料口穿过楼板或墙体的部位采用生物密封，故组织处理器进料口可安装在污染区，在满足生物安全的前提下，减少了其他灭菌设备，将灭菌路线缩至最短。而焚烧炉进料口则无法实现生物密封，因此必须先对需焚烧物品进行高压灭菌后才能送入焚烧炉，灭菌过程复杂，且进行高压灭菌时为达到灭菌效果，必须将大型试验动物切成小块，工作繁重并会造成大面积的实验室污染，增加了实验室事后的消毒灭菌工作量。

（4）使用组织处理器处理动物残体，最终的排出物为固体残渣（动物骨渣）及废液。固体残渣可直接运走，废液的 BOD 虽然较高，但排入园区管网与整个园区的污水混合稀释后 BOD 值大大降低。使用焚烧炉需配相应的消烟除尘装置以满足环保需求。两者比较，组织处理器更易达到环保要求，且对环境的污染降至最低。

（5）在初次投资方面，若均采用进口设备，组织处理器的价格低于焚烧炉。

2. 动物残体处理站围护结构及机电系统设计

三、四级生物安全实验室动物残体处理站属于生物安全风险相对较高的区域，应按生物安全实验室防护区进行处理，生物安全防护级别应不低于核心工作间的防护级别。以大动物 ABSL-3 实验室动物残体处理站为例，其防护级别不低于大动物 ABSL-3 的要求：工艺平面功能房间应至少包括缓冲、动物残体处理核心工作间；围护结构气密性符合恒压法气密性要求；设有全新风通风空调系统，排风应经可原位消毒灭菌和检漏的高效空气过滤装置处理后高空排放；重要负荷（通风风机、应急照明、自控系统等）设有不小于 30min 供电的 UPS 电源。

5.3 设施设备初始风险评估

本节将对第 5.2 节给出的风险源清单中的各风险因素，依据本书第 2.3、2.4 节内容，进行风险分析与风险评价，结合风险控制示例对剩余风险进行评价，如表 5-12 所示。需要说明的是：

（1）表中的各风险因素为生物安全实验室可能涉及的、和生物安全直接或间接相关的主要风险源，并不代表每个实验室都有这么多风险源，需要根据实验室生物安全级别、工程实际情况进行选择。

（2）表中的风险控制示例仅为范例，在风险评估报告编制过程中，需要依据工程实际采取的风险控制措施给出，并对剩余风险进行评价。

风险评估的结果具有不确定性，这是其本质。不确定性是实验室内外部环境中必然存在的情况，不确定性也可能来源于数据的质量和数量。可利用的数据未必能为评估未来的风险提供可靠的依据，某些风险可能缺少历史数据，或是不同利益相关者对现有数据有不同的解释。进行风险评估的人员应理解不确定性的类型及性质，同时认识到风险评估结果可靠性的重大意义，并向决策者说明其科学含义。

生物安全实验室设施设备风险评估的关键在于参与人员的经验、知识水平、对生物安全实验室设施设备的了解程度、风险源的特性和信息的全面性。根据实验室各自的特点，制定并不断完善"风险源清单"是十分有助于风险评估的做法。识别风险的角度可不同，但随着实验室风险管理体系运行经验的积累，风险清单应越来越接近实际情况、越来越实用。

本节结合 GB 19489—2008 及 GB 50346—2011 对二、三、四级生物安全实验室建筑设施设备的有关要求，对第 5.2 节识别的基本风险因素进行风险分析与评价，主要是定性分析。目前对生物安全实验室风险评估的定量化分析仍很困难，我国生物安全实验室的建设和正规化使用是近十年的事情，缺少实验室事故等基础数据，定量化分析是未来的事情。

生物安全实验室设施设备建设阶段初始风险评估示例表

表 5-12

章	序号	识别项	风险描述	风险可能性	风险后果	固有风险	设计或已有的控制措施	剩余风险	适用范围 二级	适用范围 三级	适用范围 四级
工程选址	1	主管部门立项批复	发展改革部门立项：未在发展改革主管部门立项	很可能发生	影响较大	高	已在发展改革主管部门立项	低		√	√
	2		科技主管部门审查：未得到科技主管部门门审查同意	很可能发生	影响较大	高	已通过科技主管部门审查	低		√	√
	3		环保主管部门批复：不符合环保主管部门门的规定和要求	很可能发生	影响较大	高	已获环保主管部门批复	低		√	√
	4		建设主管部门批复：不符合建设主管部门门（城乡规划与建设委员会等）的要求	很可能发生	影响较大	高	已获建设主管部门批复	低		√	√
	5	市政	园区市政管网（供电、供水、能源等）不能满足实验室的使用要求	可能发生	影响较大	中	市政管网满足使用要求，另外增设了锅炉房、柴油发电机等	低		√	√
	6	园区规划	功能分区不合理，没有科学布置各类建筑	可能发生	影响较大	中	由专业设计院设计，设计方案经过生物安全实验室领域专家论证，分区合理，流线合理	低	√	√	√
	7		人流和物流不合理，洁污物流线不清楚	可能发生	影响较大	中		低	√	√	√
	8		未考虑科学合理节约用地（在满足基本功能需要的同时，适当考虑未来的发展，应预留发展或改扩建的用地）	可能发生	影响一般	中	考虑了未来发展需求	低	√	√	√
建筑、结构与装修	9	建筑	与建筑物其他部分相通，但未设可自动关闭的带锁的门	可能发生	影响一般	中	与建筑物其他部分相通，设置了可自动关闭的门	低	√	√	√
	10		不满足排风间距要求：防护区室外排风口与周围建筑的水平距离小于20m	很可能发生	影响较大	高	防护区室外排风口与周围建筑的水平距离大于20m	低	√	√	
	11		未在建建筑物中独立的隔离区域内	可能发生	影响重大	高	实验室为独立建筑物	低			√
	12		未远离市区	可能发生	影响重大	高	远离市区	低			√
	13		主实验室所在建筑物的距离小于相邻建筑物或构筑物高度的1.5倍	可能发生	影响较大	中	主实验室所在建筑物周围60m无高层建筑	低			√

续表

章	序号	识别项	风险描述	风险可能性	风险后果	固有风险	设计或已有的控制措施	剩余风险	适用范围 二级	三级	四级
	14		未在入口处设置更衣室或更衣柜	可能发生	影响一般	中	实验室入口处设置了更衣室	低	√	√	√
	15		实验区域人流和物流不合理,洁物,污物流不合理	很可能发生	影响较大	高	实验室人员通过进人核心工作区,经缓冲间进人防护区,缓冲间通过人防护区,再经传递窗或双扉高压蒸汽灭菌器进人核心工作间,污物先通过传递窗由核心工作间进人防护区走廊,再通过双扉高压锅消毒灭菌后,离开防护区	低		√	√
	16		未明确分防护区和辅助工作区	很可能发生	影响较大	高	按 GB 50346—2011 第 4.1.3(或 4.1.4 或 4.1.5)条要求。符合 GB 19489—2008 第 6.3.1.3(或 6.3.1.4 或 6.4.3 或 6.4.4 或 6.5.3.5)的要求	低		√	√
	17	建筑	防护区的房间设置不满足工艺要求	可能发生	影响重大	高	同上,在房间数量上符合实验室实际及未来发展需求	低	√	√	√
	18		辅助区的房间设置不满足工艺要求	可能发生	影响较大	中	同上	低	√	√	√
	19		辅助工作区与室外之间未设一间缓冲室	可能发生	影响一般	中	辅助工作区最外面一间更衣室房间,设计+5Pa,为正压	低	√	√	√
	20		ABSL-3 中的 b2 类实验室和四级生物安全实验室未独立于其他建筑	可能发生	影响重大	高	独立建筑物	低	√	√	√
	21		走廊净宽小于 1.5m	可能发生	影响较大	中	走廊净宽为 1.8m	低	√	√	√
建筑、结构与装修	22		室内净高低于 2.6m 或设备层净高低于 2.2m	可能发生	影响较大	中	室内净高为 2.6m,设备层净高 2.4m	低	√	√	√
	23		ABSL-4 的动物尸体处理设备和防护区污水处理设备间未设缓冲间	可能发生	影响重大	高	设有缓冲间,该缓冲间设置了送排风系统,为负压房间	低			√
	24		设置生命支持系统的生物安全实验室,紧邻主实验室未设化学淋浴间	可能发生	影响特别重大	较高	设置了化学淋浴间	低			√

续表

章	序号	识别项	风险描述	风险可能性	风险后果	固有风险	设计或已有的控制措施	剩余风险	适用范围 二级	适用范围 三级	适用范围 四级
	25		防护区未设置安全通道和紧急出口或没有明显的标志	可能发生	影响重大	高	设置了安全通道和紧急出口，紧急出口处设置了推拉式逃生门，平时关闭	低		√	√
	26		防护区的围护结构未远离建筑外墙或主实验室未设置在防护区的中部	可能发生	影响重大	高	整体设计为中盒式结构	低		√	√
	27		建筑外墙作为主实验室的围护结构	可能发生	影响重大	高	主实验室围护结构采用彩钢板，与建筑外墙之间预留200mm距离	低			√
建筑、结构与装修	28		相邻区域和相邻房间之间未根据需要设置传递窗；传递窗两门未设有互锁或未设有消毒灭菌装置；其结构承压力及严密性不符合所在区域的要求；传递不能灭活的样本出防护区时，未采用具有熏蒸消毒功能的传递窗或熏蒸消毒药液传递箱	可能发生	影响重大	高	核心工作间与防护走廊之间设有互锁的传递窗，传递窗严密性符合所在区域的要求	低		√	√
	29	建筑	未在实验室所在建筑内配备高压灭菌器或其他消毒灭菌设备	可能发生	影响重大	高	实验室所在建筑内，同层楼层的洗消间配有2台立式高压灭菌器	低	√	√	√
	30		防护区内未设置双扉安全生物安全型双扉高压灭菌器	可能发生	影响重大	高	防护区走廊与洗消间之间设置了双扉高压灭菌器	低		√	√
	31		生物安全型双扉高压灭菌器未考虑主体的维修空间	可能发生	影响较大	中	高压蒸汽灭菌器主体设置在洗消间，主体结构左右各预留600mm以上的维修空间	低		√	√
	32		生物安全型双扉高压灭菌器主体所在房间为非负压	可能发生	影响较大	中	洗消间压力为-20Pa	低		√	√
	33		生物安全柜和负压解剖台未布置于排风口附近或未远离房间门	很可能发生	影响重大	高	设备布置在门的对侧，设备排风口正上方为紧邻房间排风口	低		√	√
	34		产生大动物尸体或数量较多的小动物尸体时，未设置动物尸体处理设备。动物尸体处理设备的投放口未处理产生的投放口未设置防护栏杆	可能发生	影响较大	中	设置了低温冷藏柜	低		√	√

续表

章	序号	识别项	风险描述	风险可能性	风险后果	固有风险	设计或已有的控制措施	剩余风险	二级	三级	四级
建筑、结构与装修	35		未采用无缝的防滑耐腐蚀地面；踢脚线与墙面齐平或略缩进大于 2～3mm；地面与墙面的相交位置及其他围护结构的相交位置，未做半径不小于 30mm 的圆弧处理	可能发生	影响一般	中	采用 PVC 地面，踢脚与墙面齐平，阴角做 R30 圆弧处理	低			√
	36		围护结构表面的所有缝隙未采取可靠的措施密封	可能发生	影响重大	高	围护结构为彩钢板，拼接缝处采用密封胶处理，符合发烟法严密性测试要求	低		√	√
	37		墙面、顶棚的材料不易于清洁消毒、不耐腐蚀、起尘、开裂、不光滑，表面涂层不具有抗静电性能	可能发生	影响较大	中	墙面、顶棚均采用彩钢板，便于清洁、消毒等	低		√	√
	38		生物安全柜和负压解剖台背面、侧面与墙面的距离小于 300mm，顶部与吊顶的距离小于 300mm	很可能发生	影响一般	中	设备安装位置与墙壁、吊顶及设备的距离，满足维修距离要求	低		√	√
	39	装修	传递窗、双扉高压灭菌器等设施与实验室围护结构连接时，未保证箱体的严密性	很可能发生	影响较大	高	严密性符合 GB 50346 及 GB 19489 的要求	低		√	√
	40		传递窗、双扉高压灭菌器等设备与轻体墙连接时，未在连接部位采取加固措施	可能发生	影响较大	中	设备与轻体墙连接时，在连接部位采取了加固措施	低		√	√
	41		防护区内的传递窗和药液传递箱的腔体或门扇未整体焊接成型	很可能发生	影响较大	高	采用整体焊接成型的成套设备	低		√	√
	42		具有熏蒸消毒功能的传递窗和药液传递箱的内表面使用有机材料	可能发生	影响较大	中	内表面为不锈钢材质	低	√	√	√
	43		实验台面不光滑、不耐腐蚀、透水、不耐热和不易于清洗	可能发生	影响一般	中	实验台面为不锈钢材质，光滑、耐腐蚀、易清洗	低	√	√	√
	44		防护区配备的实验台未整体台面	可能发生	影响一般	中	实验台采用了整体台面	低	√	√	√
	45		实验台、架、柜、设备的边角未以圆弧过渡，有突出的尖角、锐边、沟槽	很可能发生	影响较大	高	边角均进行了圆弧过渡处理，没有突出的尖角、锐边、沟槽等	低	√	√	√

续表

章	序号	识别项	风险描述	风险可能性	风险后果	固有风险	设计或已有的控制措施	剩余风险	适用范围 二级	适用范围 三级	适用范围 四级
建筑、结构与装修	46		没有机械通风系统时，ABSL-2中的a类、b1类和BSL-2生物安全实验室未设置外窗；自然通风或外窗未设置防虫纱窗；ABSL-2中b2类实验室设观察窗未采用安全的材料制作	可能发生	影响较大	中	外窗设置了防虫纱窗	低	√		
	47		防护区设外窗观察窗未采用安全的材料制作	可能发生	影响重大	高	防护区围护结构为彩钢板，在彩钢板上设置了密闭式的双层有机玻璃观察窗	低		√	√
	48		没有防止节肢动物和啮齿类动物进入和外逃的措施	很可能发生	影响较大	高	设置了400mm高的挡鼠板	低		√	√
	49		ABSL-3中b2类主实验室及其缓冲间和四级生物安全实验室主实验室缓冲间未采用气密门	很可能发生	影响重大	高	主实验室与缓冲间之间采用了充气式气密门，气密性符合标准要求	低		√	√
	50	装修	门净宽小于900mm	可能发生	影响较大	中	门净宽大于900mm	低		√	√
	51		气密门两侧，顶部与围护结构的距离小于200mm	可能发生	影响较大	中	距离大于200mm	低		√	√
	52		气密门门体和门框未采用整体焊接结构，门体开闭机构没有可调的铰链和锁扣	很可能发生	影响较大	高	门体和门框均采用整体焊接结构	低		√	√
	53		防护区内门开启方向朝向空气压力较低房间，即向内开启，不能自动关闭	可能发生	影响较大	中	防护区门向外开启，设有闭门器，可自动关闭	低		√	√
	54		防护区缓冲室的门未设互锁装置	可能发生	影响重大	高	缓冲间的门设置了互锁装置，且验证有效	低		√	√
	55		防护区房间门上未设观察窗	很可能发生	影响较大	高	设有观察窗	低		√	√
	56		防护区内的顶棚上设置检修口	可能发生	影响重大	高	防护区顶棚上未设置检修口，在辅助工作区外面的走廊上设有检修口	低		√	√
	57		有压差梯度要求的房间未在合适位置设测压孔，测压孔平时没有密封措施	很可能发生	影响一般	中	设置了测压孔，测压孔连接至相邻房间的压力表（设置在房间入口门旁，显示相对压差）	低		√	√

续表

章	序号	识别项	风险描述	风险可能性	风险后果	固有风险	设计或采用已有的控制措施	剩余风险	适用范围 二级	适用范围 三级	适用范围 四级
建筑、结构与装修	58	装修	实验室的入口，未明确标示出生物防护级别，操作的致病性因子等标识	可能发生	影响重大	高	标识系统清晰，且符合 GB 19489 的要求	低	✓	✓	✓
	59		结构安全等级低于一级	可能发生	影响较大	中	在既有建筑物的基础上改建而成的，原建筑物结构建筑安全等级为二级，但对实验室局部建筑结构进行了结构加固	低			✓
	60		结构安全等级低于一级	可能发生	影响重大	高	新建建筑，结构安全等级为一级	低		✓	✓
	61		抗震设防类别未按特殊设防类	可能发生	影响较大	中	既有建筑物改建为三级生物安全实验室，进行了局部抗震加固	低		✓	
	62		抗震设防类别未按特殊设防类	可能发生	影响重大	高	新建建筑，抗震设防类别为特殊设防类	低		✓	✓
	63	结构	地基基础未采甲级设计	可能发生	影响重大	中	既有建筑地基基础改建为三级生物安全实验室，根据地基基础核算结果及实际情况，确定不需要加固处理	低		✓	
	64		地基基础未按甲级设计	可能发生	影响重大	高	新建建筑，地基基础按甲级设计	低	✓	✓	✓
	65		主体结构未采用非混凝土结构体系	可能发生	影响重大	高	主体结构为混凝土结构	低			✓
	66		吊顶作为技术维修夹层时，其吊顶的活荷载小于 0.75kN/m²	可能发生	影响重大	高	吊顶作为技术维修夹层，吊顶的活荷载大于 0.75kN/m²	低			✓
	67		对于吊顶内特别重要的设备未作单独的维修通道	可能发生	影响较大	中	设有检修马道	低			✓
通风空调净化	68	系统形式	空调净化系统的划分不利于实验室消毒灭菌，自动控制系统能节约能运行	可能发生	影响较大	中	实验室共设置 1 套独立的净化空调系统，负责 2 个核心工作间及其相邻缓冲间、走廊、二更、淋浴间	低	✓	✓	✓
	69		送、排风系统的设计未考虑所用生物安全柜等的使用条件	可能发生	影响重大	高	动物隔离设备为 IVC 排风接至房间大系统排风	低	✓	✓	✓
	70		选用的生物安全柜不符合要求	可能发生	影响重大	高	生物安全柜采用 A2 型，符合使用要求	低	✓	✓	✓
	71		b2 类实验室未采用全新风系统	很可能发生	影响较大	高	采用全新风系统，符合加强型 P2 实验室使用要求	低	✓	✓	✓

续表

章	序号	识别项	风险描述	风险可能性	风险后果	固有风险	设计或已有的控制措施	剩余风险	适用范围 二级	三级	四级
通风空调净化	72	系统形式	未采用全新风系统	可能发生	影响重大	高	采用全新风系统	低		√	√
	73		主实验室的送、排风支管或阀门严重腐蚀的密闭阀或阀门严密性与所在管道严密性要求不相适应	可能发生	影响重大	高	关键节点处均设置了生物密闭阀,满足房间消毒要求	低		√	√
	74		防护区内安装的风机盘管机组或普通空调房间空调器	可能发生	影响重大	高	未安装	低		√	√
	75		防护区远离空调机房	很可能发生	影响一般	中	空调机房位于防护区正上方的设备层内	低		√	√
	76		空气净化系统送风过滤器的设置不符合粗、中、高三级空气过滤器的要求	可能发生	影响较大	中	设置了三级过滤器	低		√	√
	77	送风系统	新风口未采取有效的防雨措施,保护网,不符合"高于室外地面2.5m以上、同时应尽可能远离污染源"的要求	可能发生	影响较大	中	新风口采用了防雨措施,安装了保护网,高于室外地面2.5m,与排风口距离30m以上	低	√	√	√
	78		防护区不能对送风高效空气过滤器进行原位消毒和检漏	可能发生	影响重大	高	防护区送风高效过滤器采用BIBO,可原位消毒和检漏	低		√	√
	79		BSL-3实验室未设置备用送风机	可能发生	影响较大	中	设置了备用送风机,一用一备	低	√	√	√
	80		ABSL-3实验室和四级生物安全实验室未设置备用送风机	可能发生	影响重大	高	设置了备用送风机,一用一备	低		√	√
	81	排风系统	防护区排风未与送风联锁(排风先于送风开启、后于送风关闭)	可能发生	影响重大	高	送排风联锁,排风先于送风开启、后于送风关闭	低		√	√
	82		主实验室未设置或借用其他负压房间作为排风出口	可能发生	影响重大	高	主实验室设置了室内排风口	低		√	√
	83		b1类实验室中可能产生高效空气过滤器的局部负压排风装置,或负压排风装置不具有原位检漏功能	可能发生	影响重大	高	室内不含可能产生污染物外泄的设备,将来未涉及使用该设备	低		√	√

续表

章	序号	识别项	风险描述	风险可能性	风险后果	固有风险	设计或已有的控制措施	剩余风险	适用范围 二级	三级	四级
通风空调净化	84		防护区生物安全柜与排风系统的连接方式不符合 GB 50346 的要求,具体为:A2 型生物安全柜未用接排风(硬连接或软连接)或柜子排风口未紧邻房间排风口(配或皿级生物安全柜未用接外接排风(硬连接)	可能发生	影响重大	高	实验室采用 A2 型生物安全柜,其排风与室内排风口紧邻	低		√	√
	85		防护区动物隔离设备与排风系统的连接未采用密闭连接或设置排风局部排风罩	可能发生	影响重大	高	IVC、动物隔离器与排风风管连接	低		√	√
	86		排风未经过高效过滤器过滤后排放	可能发生	影响特别重大	极高	排风经过风口式排风高效过滤器装置过滤后排放	低		√	√
	87		排风高效过滤器未设在室内排风口处;或排风高效过滤器的位置与紧邻排风口结构不易于对过滤器进行安全更换和检漏	可能发生	影响重大	高	排风经过风口式排风高效过滤器装置过滤后排放	低		√	√
	88	排风系统	防护区除在室内排风口处第一道高效过滤器外,未在其后串联第二道高效过滤器	可能发生	影响特别重大	极高	排风经过风口式排风高效过滤器装置过滤后,再经过第二道管道式 BIBO 过滤器后排放	低			√
	89		防护区排风不能对排风高效空气过滤器进行原位消毒和检漏	可能发生	影响特别重大	极高	采用专用风口式(或管道式)排风高效过滤器装置,可以进行原位消毒和检漏	低		√	√
	90		排风密闭阀未设置在排风机和排风机之间;排风机外侧的排风管未安装保护网和防雨罩	可能发生	影响重大	高	排风高效过滤器和排风机之间安装了生物密闭阀,排风机上安装了保护网和防雨罩,进行高空排放	低		√	√
	91		防护区排风管道的正压段穿越房间或排风机未设于室外排风口附近	可能发生	影响重大	高	排风机设置在室外排风口附近,正压段只在屋顶排风管道上,不穿越任何房间	低	√	√	√
	92		防护区未设置备用排风机不能自动切换或切换过程中不能保持有序的压力梯度和定向流	可能发生	影响特别重大	极高	设置了备用排风机,一用一备,切换过程正常,未出现绝对压力逆转	低		√	√
	93		排风口未设置在主导风向的下风向	很可能发生	影响较大	高	排风口设置在主导风向的下风向	低		√	√

续表

章	序号	识别项	风险描述	风险可能性	风险后果	固有风险	设计或已有的控制措施	剩余风险	适用范围 二级	适用范围 三级	适用范围 四级
通风空调净化	94	排风系统	排风口与新风口的直线距离不大于12m；排风口不高于所在建筑物屋面2m以上	很可能发生	影响较大	高	排风口与新风口的直线距离大于20m；排风口高于所在建筑物屋面2.5m	低		√	√
	95		ABSL-4的动物尸体处理设备间和防护区污水处理设备间的排风未经过高效过滤器过滤	可能发生	影响重大	高	动物尸体处理设备间和防护区污水处理设备间按P3实验室核心间处理、排风经高效过滤器过滤后排放	低			√
	96		实验室内各种设备的位置不利于气流由被污染空间向被污染风险高的空间流动,不利于最大限度减少室内回流与涡流	可能发生	影响重大	高	室内气流组织有利于气流从被污染风险低的空间向被污染风险高的空间流动,室内回流与涡流面积较小	低		√	√
	97	气流组织	送风口和排风口布置不利于室内可能被污染空气的排出	可能发生	影响较大	中	同上	低	√	√	√
	98		在生物安全柜操作面或其他有气溶胶产生地点的上方附近设送风口	很可能发生	影响较大	高	生物安全柜紧邻排风口,附近无送风口	低	√	√	√
	99		气流组织上送下排时,高效过滤器排风口下边离地面低于0.1m或高于0.15m,或上边高度超过地面之上1.6m;排风口风速度大于1m/s	可能发生	影响重大	中	气流组织上送上排	低	√	√	√
	100	部件、材料及安装	送、排风高效过滤器使用木制框架	可能发生	影响重大	高	送、排风高效过滤器采用铝合金框架	低	√	√	√
	101		高效过滤器不耐消毒气体的侵蚀,防护区内淋浴间、化学淋浴间的高效过滤器不防潮;高效过滤器的效率低于现行国家标准《高效空气过滤器》GB/T 13554中的B类	可能发生	影响重大	高	高效过滤器符合耐腐蚀要求,淋浴间的高效过滤器防潮	低		√	√
	102		需要消毒的通风管道未采用耐腐蚀,未老化,不吸水,易消毒灭菌的材料制作,整体焊接	可能发生	影响重大	高	通风管道采用不锈钢板加工制作;需要消毒的管道(生物密闭阀与房间之间的管道)采用整体焊接而成	低		√	√

续表

章	序号	识别项	风险描述	风险可能性	风险后果	固有风险	设计或已有的控制措施	剩余风险	适用范围 二级	适用范围 三级	适用范围 四级
通风空调净化	103		空气净化系统所用风机和高效排风系统所用风机未选用风压变化大时风量变化较小的类型	可能发生	影响较大	中	风机选型符合使用要求	低		√	√
	104	部件、材料及安装	空调设备的选用符合 GB 50346—2011 第 5.5.4 条的要求（即采用了淋水式空气处理机组，当采用表面冷却器时，通过盘管所在截面的气流速度大于 2.0m/s；或测量干蒸汽加湿器；加湿设备与空调机组之间设有足够的距离；在空调过滤器前后未安装压差计；各级空气过滤器不通畅；安装不严密；防护区内保持 1000Pa 的静压值时，箱体漏风率大于 2%）	可能发生	影响较大	中	空调设备选用符合 GB 50346—2011 第 5.5.4 条的要求	低		√	√
	105	一般规定	排风高效过滤装置不符合国家现行有关标准的规定。排风高效过滤装置的保护内侧设有高效过滤装置的措施	可能发生	影响重大	高	排风高效过滤器装置的选用和安装符合 GB 50346—2011、GB 50591—2010 的要求	低	√	√	√
	106	一般规定	给水排水干管、气体管道的干管，未敷设在技术夹层内；防护区内与本区域无关管道穿越防护区	可能发生	影响重大	高	给水排水、气体干管设在技术夹层内，防护区内无管道穿越	低	√	√	√
给水排水与气体供给	107		防护区给水排水管道穿越生物安全实验室围护结构处未设可靠的密封装置或密封装置的严密性不能满足其所在区域的严密防护要求	很可能发生	影响较大	高	穿越楼板处设置了套管；套管用密封材料进行了密封处理	低	√	√	√
	108	给水	使用的高压气体或可燃气体，没有相应的安全措施	可能发生	影响重大	高	使用的高压气体为压缩空气，设有相应的安全措施，如低压报警、高压泄压等	低	√	√	√
	109	给水	防护区给水管道未采取防止回流污染的装置或这些装置未装置在辅助工作区	可能发生	影响重大	高	设置了防倒流止回器，设置在辅助工作区	低	√	√	√

续表

章	识别项	序号	风险描述	风险可能性	风险后果	固有风险	设计或设计已有的控制措施	剩余风险	适用范围 二级	三级	四级
给水排水与气体供给	给水	110	ABSL-3和四级生物安全实验室未设置断流水箱	可能发生	影响重大	高	设置了断流水箱	低		√	√
		111	化学淋浴系统中的化学药剂加压泵未设置备用泵或未设置紧急化学淋浴措施	可能发生	影响重大	高	加压泵设置了备用泵，设置有紧急化学淋浴措施	低		√	√
		112	防护区的给水管路未以主实验室为单元设置检修阀门和止回阀	可能发生	影响较大	中	以主实验室为单元设置了检修阀门和止回阀	低		√	√
		113	实验室未设洗手装置或洗手装置未设置在靠近实验室的出口处	可能发生	影响较大	中	在实验室出口处设有洗手装置	低	√	√	√
		114	洗手装置未设在主实验室出口处或对于用水的洗手装置的供水未采用非手动开关	可能发生	影响较大	中	在实验室出口处设有洗手装置，采用感应开关	低		√	√
	给水	115	未设紧急冲眼装置	可能发生	影响重大	高	在实验室出口处设置有便携式紧急冲眼装置	低		√	√
		116	ABSL-3和四级生物安全实验室防护区的淋浴间未根据工艺要求设置强制淋浴装置	可能发生	影响重大	高	设置了强制淋浴装置	低		√	√
		117	大动物生物安全实验室和需要对笼具、架进行冲洗的动物实验室未设必要的冲洗设备	可能发生	影响较大	中	设置了必要的冲洗龙头	低		√	√
		118	室内给水管材未采用不锈钢管、铜管或无毒塑料管等管材或管道未采用可靠的方式连接	可能发生	影响较大	中	采用不锈钢管	低		√	√
	排水	119	大动物房和解剖间等处的密闭型地漏不带活动网框或活动网框不易于取放及清理	可能发生	影响较大	中	密闭型地漏带活动网框	低		√	√
		120	防护区未根据压差要求设置存水弯和水封的卫生器具与排水管道连接时，未在排水口以下设存水弯；排水管道处水封不能保证充满水或消毒液	可能发生	影响重大	高	设置了存水弯，存水弯深度不小于200mm	低		√	√

续表

章	序号	识别项	风险描述	风险可能性	风险后果	固有风险	设计或项目已有的控制措施	剩余风险	适用范围 二级	三级	四级
给水排水与气体供给	121	排水	防护区的排水未进行消毒灭菌处理	可能发生	影响重大	高	防护区的排水流至活毒废水处理间经高压灭菌后排放	低		√	√
	122		主实验室未设独立的排水支管或独立的排水支管上未安装阀门	可能发生	影响较大	中	设置了独立的排水支管	低		√	√
	123		活毒废水处理设备未设在最低处	可能发生	影响较大	中	设置在地下室,位于系统最低处	低		√	√
	124		ABSL-2防护区污水的灭菌装置未采用化学消毒或高温高温灭菌方式	可能发生	影响较大	中	采用高温灭菌方式	低		√	√
	125		防护区活毒废水采用高温灭菌方式;未在适当位置预留采样口和采样操作空间	可能发生	影响重大	高	采用高温灭菌方式,预留了采样口和采样操作空间	低	√	√	√
	126	排水	防护区排水系统上的通气管口未单独设置或接入空调通风系统的排风管道	可能发生	影响重大	高	通气管单独设置	低		√	√
	127		通气管口未设高效过滤器或其他可靠的消毒装置	可能发生	影响重大	高	通气管上设置两道高效过滤器	低		√	√
	128		辅助工作区的排水未接气取适当处理装置	可能发生	影响较大	中	辅助工作区排水接至园区废水处理站	低		√	√
	129		防护区内排水管线未明设,未与墙壁保持一定距离	可能发生	影响较大	中	防护区内无管道穿越	低		√	√
	130		防护区排水管道未采用不锈钢或其他合适的管材、管件;排水管、管件不满足强度、温度、耐腐蚀等性能要求	可能发生	影响重大	高	采用不锈钢管	低		√	√
	131		双扉高压灭菌器的排水未接入防护区废水排放系统	可能发生	影响重大	高	接入防护区废水排放系统	低		√	√
	132	气体供应	气瓶未设在辅助工作区;未对供气系统进行监测	可能发生	影响较大	中	气瓶设置在辅助工作区,对供气系统的供气压力进行监测	低	√	√	√
	133		所有供气管穿越防护区处未按要求设置过滤器	可能发生	影响重大	高	安装了防回流装置,设置了过滤器	低	√	√	√

续表

章	序号	识别项	风险描述	风险可能性	风险后果	固有风险	设计或已有的控制措施	剩余风险	适用范围 二级	适用范围 三级	适用范围 四级
给水排水与气体供给	134		防护区设置的真空装置的真空装置，设有防止真空装置内部被污染的措施，未将真空装置安装在实验室内	可能发生	影响重大	高	安装了防回流装置	低			√
	135	气体供应	正压服型生物安全实验室未同时配备紧急支援或紧急供气时间少于60min/人	可能发生	影响特别重大	极高	配备了紧急支援气罐，供气时间可满足10人，不少于60min/人的使用要求	低			√
	136		供操作人员呼吸使用的气体的压力、流量、含氧量、温度、湿度、有害物质的含量等不符合业安全的要求	可能发生	影响重大	高	对供气压力、流量、含氧量、温度、CO_2浓度，CO浓度进行在线监测，符合职业安全要求	低		√	√
	137		充气式密门的压缩空气供应系统的压力压缩机未备用或供气压力不符合气密门的供气要求	可能发生	影响重大	高	设置了备用压缩机，三台空压机互为备用，供气压力和稳定性符合要求	低		√	√
电气自控	138	配电	用电负荷低于二级	可能发生	影响较大	中	用电负荷等级为二级	低	√		
	139		BSL-3实验室和ABSL-3中的a类和b1类实验室未按一级负荷供电时，未采用一个独立供电电源；特别重要负荷未设置应急电源；应急电源采用不间断电源的供电时间小于30min；不间断电源采用不间断电源的方式时，应急电源启动前的电力供应方式；不间断电源采用不间断电源加自备发电机的方式时，不间断电源不能确保自备发电设备启动前的电力供应	很有可能发生	影响特别重大	极高	一级负荷供电，同时配备了UPS，满足重要设备不少于30min供电	低		√	√
	140		ABSL-3中的b2类实验室和四级生物安全实验室未按一级负荷和特别重要负荷供电；特别重要负荷未同时设置应急电源和自备发电设备作为应急电源；不间断电源不能确保自备发电设备启动前的电力供应	很有可能发生	影响特别重大	极高	一级负荷供电，同时配备了UPS，满足重要设备不少于31min供电，另外配备了柴油发电机	低			√
	141	电气自控	未设有专用配电箱	可能发生	影响一般	中	设有专用配电箱	低	√	√	√
	142		专用配电箱未设在该实验室的防护区外	可能发生	影响较大	中	设置于防护区外	低	√	√	√

续表

章	序号	识别项	风险描述	风险可能性	风险后果	固有风险	设计或采用已有的控制措施	剩余风险	二级	三级	四级
电气自控	143	配电	未设置足够数量的固定电源插座的房间；重要设备未单独回路配电，未设置漏电保护装置	可能发生	影响较大	中	符合电气冗余和安全性要求	低	√	√	√
	144		配电管线的电线未采用金属管和楼板的电线套管敷设且未采用专用电缆穿墙装置；套管内未收缩、不燃材料密封	可能发生	影响较大	中	采用金属敷设，安装符合标准要求	低		√	√
	145	照明	室内照明灯具未采用吸顶式密闭洁净灯；灯具不具有防水功能	可能发生	影响一般	中	采用吸顶式密闭洁净	低		√	√
	146		未设置不少于30min的应急照明及紧急发光疏散指示标志	可能发生	影响重大	高	应急照明挂在UPS上，可满足不少于30min照明要求	低		√	√
	147		实验室的入口和主实验室主实验室工作状态的显示装置处未设于防护区外	可能发生	影响重大	高	主实验室缓冲间入口处设置了工作状态显示装置	低		√	√
	148	自动控制	空调净化自动控制系统不能保证各房间之间正向流及压差的稳定	可能发生	影响重大	高	自控系统可满足使用要求	低	√	√	√
	149		自控系统具有压力梯度、温湿度、联锁控制、报警等参数的历史数据存储功能；自控系统箱未设于防护区外	可能发生	影响重大	高	自控系统具有数据存储显示功能，控制箱设置在实验室内	低		√	√
	150		自控系统报警信号未分为重要参数报警和一般参数报警。重要参数报警为声光报警，一般参数报警为声光报警；自控系统未在主实验室设置紧急报警按钮	可能发生	影响重大	高	区分了重要报警和一般报警、重要报警为声光报警，在实验室内设置了紧急报警按钮	低		√	√
	151		有负压控制要求的房间入口位置，未安装装置防止实验室内负压状况的压力显示装置	可能发生	影响较大	中	有负压控制要求的房间入口位置安装了显示压力的指针式压力表	低	√	√	√
	152		自控系统预留接口	可能发生	影响较大	中	预留了20%的冗余接口	低	√	√	√
	153		空调净化系统启动和停机过程未采取措施防止实验室内负压超出围护结构和有关设备的安全范围	很可能发生	影响重大	高	压力超出围护结构承压范围，可预防负压；送排风系统风量跟踪控制，调试实验室最大负压不超过-200Pa	低	√	√	√

续表

章	序号	识别项	风险描述	风险可能性	风险后果	固有风险	设计或已有的控制措施	剩余风险	适用范围 二级	适用范围 三级	适用范围 四级
电气自控	154	自动控制	送风机和排风机保护装置；送风机和排风机保护装置未将报警信号接入控制系统	可能发生	影响一般	中	送排风机均设有过载保护装置，与自控系统各报警信号联锁控制	低		√	√
	155		送风机和排风机未设置风压检测装置；当压差低于正常值时不能发出声光报警	可能发生	影响较大	中	在风机出入口侧设置了压差检测装置，可在线监测风机运行状态	低		√	√
	156		防护区未设送排风系统正常运转的标志；当排风系统运转不正常时不能报警；备用排风机不能自动投入运行，不能发出报警信号	可能发生	影响特别重大	极高	设置了备用风机，一用一备，切换过程正常，未出现绝对压力逆转，且有报警信号发出，声光报警，为紧急报警（重要报警）	低	√	√	√
	157		送风和排风系统未可靠联锁；空调通风系统开机顺序不符合标准的要求	可能发生	影响重大	高	可靠联锁，排风先于送风开启、后于送风关闭	低	√	√	√
	158	电气自控	当空调通风系统送风机组设置电加热装置；在电加热段未设置监测温度的传感器；有风信号及温度信号未与电加热联锁	可能发生	影响重大	高	设有无风超温报警，与电加热器联锁	低	√	√	√
	159		空调通风设备自动和手动控制，应急手动没有优先控制权，不具备硬件联锁功能	可能发生	影响较大	中	可自动、手动控制切换，手动有优先控制权	低		√	√
	160		防护区室内外压差传感器采样管未配备排风高效过滤器过滤效率不具相当的过滤器	很可能发生	影响特别重大	极高	取压管室内侧采样口配备了高效过滤器	低		√	√
	161		未设置监测送、排风高效过滤器阻力的压差传感器	可能发生	影响较大	中	设置了送、排风高效过滤器阻力监测压差传感器，自控系统显示阻力数值，阻限可自动报警，提示更换过滤器	低		√	√
	162		在空调通风系统未运行时，防护区送、排风管上的密闭阀未处于常闭状态	可能发生	影响较大	中	系统未运行时，处于常闭状态	低	√	√	√

续表

章	序号	识别项	风险描述	风险可能性	风险后果	固有风险	设计或已有的控制措施	剩余风险	适用范围 二级	适用范围 三级	适用范围 四级
电气自控	163	安全防范	实验室的建筑周围未设置安防系统	可能发生	影响较大	中	独立建筑物,周围设置了摄像监控系统	低			√
	164		未设门禁控制系统	可能发生	影响重大	高	设置了门禁控制系统,只有经授权的人员才能进出受控区域	低		√	√
	165		防护区内的缓冲间,化学淋浴等房间的门未采取互锁措施	可能发生	影响重大	高	缓冲间,化学淋浴间的门采用互锁控制	低		√	√
	166		在互锁门附近未设置紧急手动解除锁开关。中控系统不具有解除所有门或指定门互锁的功能	可能发生	影响重大	高	设有紧急手动解除锁开关,紧急状态下,中控系统可解除所有门的互锁	低		√	√
	167		未设闭路电视监视系统	可能发生	影响较大	中	设有闭路电视监视系统	低		√	√
	168		未在生物安全实验室的关键部位设置监视器	可能发生	影响较大	中	在防护区走廊,核心工作间,洗消间,空调机房,中控室等部位设置了监视器	低		√	√
	169	通信	防护区内未设置必要的通信设备	可能发生	影响较大	中	设置了网络,电话通信设备	低		√	√
	170		实验室内与实验室外没有内部电话或对讲系统	可能发生	影响重大	中	设有内部电话系统	低		√	√
消防	171	耐火等级	耐火等级低于二级	可能发生	影响较大	中	耐火等级二级	低	√		
	172		耐火等级低于二级	可能发生	影响重大	高	耐火等级二级	低		√	
	173		耐火等级不为一级	可能发生	影响重大	高	耐火等级一级	低			√
	174		不是独立防火分区;三级和四级生物安全实验室共用一个防火分区,其耐火等级不为一级	可能发生	影响重大	高	独立防火分区				√
	175	疏散指示	疏散出口没有消防疏散指示标志和消防应急照明措施	可能发生	影响较大	中	疏散出口设有消防疏散指示标识	低		√	√
	176	材料要求	吊顶材料的燃烧性能和耐火极限不低于其所在区域隔墙的要求;与其他部位隔开的防火门不是甲级防火门	可能发生	影响重大	高	吊顶材料的燃烧性能和耐火极限不低于其所在区域隔墙的要求;与其他部位隔开的防火门是甲级防火门	低		√	√

续表

章	序号	识别项	风险描述	风险可能性	风险后果	固有风险	设计或现已有的控制措施	剩余风险	适用范围		
									二级	三级	四级
消防	177	灭火措施	生物安全实验室未设置火灾自动报警装置和合适的灭火器材	可能发生	影响重大	高	设置了火灾自动报警装置·设有七氟丙烷气体灭火装置	低		√	√
	178		防护区设置自动喷水灭火系统和机械排烟系统;未根据需要采取其他灭火措施	可能发生	影响重大	高	设有七氟丙烷气体灭火装置·未设置自动喷水灭火系统和机械排烟系统	低		√	√
关键防护设备	179	生物安全柜	安全柜类型选择有误	可能发生	影响重大	高	按实验室实际工作需求选用了Ⅱ级 A2 型生物安全柜	低	√	√	√
			安全柜排风安装不当	可能发生	影响重大	高	安全柜采用局部排风罩连接的方式,符合使用要求	低	√	√	√
			安全柜安装位置不合理	可能发生	影响重大	高	安全柜安装位置于排风口侧(房间入口送风口侧的对侧)	低	√	√	√
	180	动物隔离设备	动物隔离设备类型(气密式或非气密式)选择有误	可能发生	影响重大	高	按实验室实际工作需求选用了气密式动物隔离设备	低		√	√
			设备排风安装不当	可能发生	影响重大	高	设备排风采用风管直接连接至大系统排风,符合使用要求	低		√	√
			设备安装位置不合理	可能发生	影响重大	高	设备安装位置于排风口侧(房间入口送风口侧的对侧)	低		√	√
	181	独立通风笼具	IVC 设备类型选择有误,未选用生物安全型 IVC	可能发生	影响重大	高	按实验室实际工作需求选用了生物安全型 IVC(笼盒气密性符合 RB/T 199—2015 的要求)	低		√	√
			设备排风安装不当	可能发生	影响重大	高	设备排风采用风管直接连接至大系统排风,符合使用要求	低		√	√
			设备安装位置不合理	可能发生	影响重大	高	设备安装位置于排风口侧(房间入口送风口侧的对侧)	低		√	√
	182	压力蒸汽灭菌器	设备选型不当,未选用生物安全型	可能发生	影响重大	高	选用了生物安全型压力蒸汽灭菌器(腔体内气体经 HEPA 过滤处理后排放·冷凝水经高温高压消毒后排放)	低		√	√

续表

章	序号	识别项	风险描述	风险可能性	风险后果	固有风险	设计或已有的控制措施	剩余风险	适用范围 二级	适用范围 三级	适用范围 四级
关键防护设备	182	压力蒸汽灭菌器	设备安装位置不合理	可能发生	影响重大	高	在核心工作间与防护走廊之间安装了生物安全型高压蒸汽灭菌器,其主体在防护走廊一侧	低		√	√
	183	气体消毒设备	设备选型不当,或消毒剂缺乏针对性	可能发生	影响重大	高	实验室选用过氧化氢消毒	低		√	√
			空间消毒方式不合理,或配套设施设备不齐全	可能发生	影响重大	高	实验室采用密闭熏蒸消毒模式,采用主机放置在室外且具备设备调节室内负压功能的消毒设备	低		√	√
	184	气密门	气密门类型选择及使用范围界定	可能发生	影响较大	高	该实验室属于 GB 19489—2008 中的 4.4.3 类 ABSL-3 实验室,气密性要求的房间以有淋浴间,防护服更换间,缓冲间及核心工作间,均安装了压紧式气密门	低			√
			气密门安装方式	可能发生	影响重大	高	由供货商负责安装,并经第三方检测验收其气密性合格	低		√	√
	185	排风高效过滤装置	设备选型问题,即未选用生物安全型排风高效过滤器装置(可原位消毒、检漏)	可能发生	影响重大	高	选用了生物安全型排风高效过滤器装置(可原位消毒、检漏)	低		√	√
			安装位置不符合要求(风口式、管道式)	可能发生	影响重大	高	选用了管道式 BIBO 设备,设备至室内排风口的连接气管符合气密性要求	低		√	√
			一道或两道排风高效过滤器不符合标准要求	可能发生	影响重大	高	该实验室属于 GB 19489—2008 中的 4.4.3 类 ABSL-3 实验室,安装了两道排风 HEPA 过滤器,均位于排风 BIBO 内	低		√	√
	186	生命支持系统	空气压缩机冗余设计问题	可能发生	影响重大	高	设置有 3 台空气压缩机,互为备用	低			√
			紧急支援气罐设置问题	可能发生	影响重大	高	配备了紧急支援气罐,可满足供气时间不少于 60min/人的要求	低			√
			不间断电源设计问题	可能发生	影响重大	高	配备了可自动启动的不间断备用电源供应,供电时间不少于 60min	低			√

续表

章	序号	识别项	风险描述	风险可能性	风险后果	固有风险	设计或已有的控制措施	剩余风险	适用范围		
									二级	三级	四级
关键防护设备	186	生命支持系统	气体浓度报警装置设置问题	可能发生	影响重大	高	配备了气体浓度报警装置，可实现 CO、CO_2、O_2 气体浓度超限报警	低			√
			储气罐设置问题	可能发生	影响重大	高	设置了储气罐，可实现供气系统的缓冲和储存	低			√
			减压阀、供气管道气密性等	可能发生	影响重大	高	供气管道气密性满足要求、接口及整体气密性检测无皂泡现象	低			√
	187	正压防护服	正压防护服选用问题（材质、供气流量、身材、数量等）	可能发生	影响重大	高	选用了某专业供货商提供的正压防护服，已在国内多个实验室中使用验证，为实验室操作人员量身定做，数量符合实际使用要求	低			√
			对室内压力梯度影响的自控纠正措施	可能发生	影响重大	高	房间排风采用变风量控制，可根据风量、自动调节排风量，进而控制房间绝对压力符合要求	低			√
	188	化学淋浴装置	预留安装位置	可能发生	影响重大	高	设计图纸已明确化学淋浴装置的安装位置和空间大小要求	低			√
			与实验室围护结构的衔接	可能发生	影响重大	高	施工方与供货商做了设备与围护结构的衔接，实验室气密性符合标准要求	低			√
			与实验室通风空调系统的衔接	可能发生	影响重大	高	化学淋浴装置的送、排风口接至大系统	低			√
			与实验室供气系统的衔接	可能发生	影响重大	高	为其配备了供气系统，包括生命支持气系统、工艺压缩空气系统（吹干防护服）	低			√
			与实验室给水排水系统的衔接	可能发生	影响重大	高	为其配备了给水、排水管道	低			√
			预防箱体或阀门等漏水而设置围挡或地漏	可能发生	影响重大	高	在化学淋浴装置水箱、供水管、水阀安装位置处设置了一圈水围挡，避免泄漏的水无组织流淌	低			√

续表

章	序号	识别项	风险描述	风险可能性	风险后果	固有风险	设计或已有的控制措施	剩余风险	适用范围		
									二级	三级	四级
关键防护设备	189	活毒废水处理系统	处理工艺系统选择（连续式、序批式）	可能发生	影响重大	高	采用序批式处理系统，配备了3个容量相同、功能相同的压力容器罐，3个罐体分别为一个收集罐，一个灭活罐，一个备用，均可交替使用、互备备用	低			✓
			污水处理站围护结构及机电系统设计	可能发生	影响重大	高	污水处理站按生物安全实验室防护级别应不低于主核心工作间的防护级别	低			✓
	190	动物残体处理系统	处理工艺系统选择（碱水解、焚烧）	可能发生	影响重大	高	采用碱水解方式：通过滑槽将要处理的动物残体吊入组织处理器篮中，关闭密闭舱门；向组织处理器内加入碱水（25%的NaOH溶液），同时向夹套内通入蒸汽进行加热；加热过程中，通过循环泵对动物的有机残体无法分进行皂化，加热时间约4h，动物残体全部处理完毕，使pH达到6~9；罐体废水进行酸碱中和处理，罐体废水通过热交换器或高温废水混合器内高温废水通过冷水混合器降至排放温度。处理后的废水BOD为7万~9万mg/L（国家标准为300mg/L），CODCr约为1.5万mg/L（国家标准为300mg/L）。处理后的固体废物通过推车排至室外	低			✓
			动物残体处理站围护结构及机电系统设计	可能发生	影响重大	高	动物残体处理站按生物安全实验室防护区进行处理，防护级别应不低于核心工作间的防护级别	低			✓

注：加强型 P2 实验室参照 P3 实验室，大动物 P3 实验室参照 P4 实验室。

5.4　关键风险因素管理

一项风险事件的发生可能有多种成因，但关键因素往往只有几种。本书第 4 章以故障树对生物安全实验室设施设备关键风险因素进行了分析，其中有部分因素是需要在生物安全实验室设施设备建设阶段进行重点关注的，如表 5-13 所示。

生物安全实验室设施设备建设阶段初始风险评估关键风险因素　　　表 5-13

大类	分类	子类	基本风险因素	适用的实验室类型		
				二级	三级	四级
建筑设施	建筑装饰	围护结构严密性(或气密性)	物理密封措施失效		■	■
	通风空调	风系统	气流组织(送排风口布置、定向流)	■	■	■
			送风高效过滤器泄漏			■
			排风高效过滤器泄漏		■	■
			主、备排风机故障		■	■
			送、排风机联锁控制失效		■	■
		风阀等部件	生物密闭阀密封措施失效		■	■
			生物密闭阀故障		■	■
	给水排水	排水系统	排水管道通气管高效过滤器泄漏		■	■
	电气自控	供配电	公共电力线路故障		■	■
			柴油发电机故障		■	■
			不间断电源 UPS 故障		■	■
		自动控制	硬件控制器故障		■	■
			软件程序故障(如报警失效等)		■	■
	气体供应	工艺压缩空气	主备空压机故障		■	■
			供气管道调压阀故障		■	■

5.4.1　围护结构严密性

1. 意义及要求

严密性是生物安全实验室工程的一个重要要求，一般洁净室工程也需要一定的严密性，其主要目的是保证正压与洁净度。与一般洁净室工程不同，生物安全实验室严密性最主要的目的是防止污染物外泄、保证安全，其次是保证洁净度与节能。

生物安全实验室严密性包括 3 个层次：（1）四级实验室严密性要求最高，即要达到气密程度，通常采用压力衰减法（pressure change method）检测；（2）饲养大动物的 AB-SL-3 实验室，要求一定程度的密闭，通常采用恒压法（constant pressure method）检测；（3）对于一般生物安全实验室，要求所有接口、接缝处密封无泄漏，在房间负压时通常采用发烟法检测。

实验室围护结构严密性是实验室与外界环境隔离的物理基础，是生物安全可靠性的重要保证。《实验室　生物安全通用要求》GB 19489—2008 对实验室围护结构严密性提出了具体要求，如表5-14所示。对于一般三级实验室，要求目视方法检查实验室防护区内围护结构的严密性要求时，所有缝隙应无可见泄漏。

GB 19489—2008 对实验室围护结构严密性的要求 表 5-14

BSL-4 实验室防护区、ABSL-4 动物饲养间及其缓冲间,适用于 4.4.3 的 ABSL-3 实验室及其缓冲间		
测试压力(Pa)要求	500	250
条款	6.4.8 和 6.5.4.6	6.5.3.18
测试方法	压力衰减法	恒压法

2. 应注意的问题

生物安全实验室围护结构普遍使用的墙板材料主要有：普通装配式彩钢板、整体不锈钢焊接、现浇钢筋混凝土、强化水泥石等材料。当实验室墙体面板采用彩钢板时需要注意，对于洁净度要求高的房间若采用岩棉彩钢板，该板在施工过程中及实验室投入使用时会产生岩棉碎屑，难以达到洁净要求。另外，对于 ABSL-3 及以上级别的核心实验室，要求空气压力维持在−250Pa 时，房间内每小时泄露的空气量应不超过受测房间净容积的10％。混凝土或不锈钢壁板在采用一定技术手段的情况下均能满足打压气密要求，不锈钢壁板在施工安装过程中应特别注意不同壁板之间的气密连接。彩钢板壁板性能及其安装工艺目前尚不能满足该级别实验室气密性打压要求。

对于生物安全实验室来讲，其严密性要求很高，而且对于不同的方面，其严密性的要求、检测方法和评价依据均不相同。在生物安全实验室的设计、建造和验收工程中，应按照不同要求严格执行，确保达到实验室要求，保障生物安全。

5.4.2 气流组织

有关气流组织的国内、外规范要求如下所述：

世界卫生组织（WHO）颁布的《实验室生物安全手册》（第 3 版）"第 4 章 防护实验室——三级生物安全水平实验室的设计和设施"第 7 条："必须建立可使空气定向流动的可控通风系统。应安装支管的监测系统，以便工作人员可以随时确保实验室内维持正确的定向气流，该监测系统可带也可不带报警系统。"

《实验室生物安全通用要求》GB 19489—2008 第 6.3.3.1 条："应安装独立的实验送排风系统，应确保在实验室运行时气流由低风险区向高风险区流动，同时确保实验室空气只能通过 HEPA 过滤器过滤后经专用排风管道排出。"第 6.3.3.2 条："实验室防护区房间内送风口和排风口的布置应符合定向气流的原则，利于减少房间的涡流和气流死角；送排风应不影响其他设备（如：Ⅱ级生物安全柜）的正常功能。"

《生物安全实验室建筑技术规范》GB 50346—2011 第 5.4.3 条："生物安全实验室气流组织宜采用上送下排方式，送风口和排风口布置有利于室内可能被污染空气的排出。"

可以看出，国内规范比 WHO 手册要求得更加细致。

对于大部分操作都是在生物安全柜内完成的生物安全实验室，进入和离开生物安全柜的样品是经过密封和严密包装的，只有在生物安全柜内样品才会暴露出来，才会与周围的空气接触，病原微生物气溶胶才会扩散出来，而生物安全柜有一道 HEPA 来防止气溶胶扩散到实验室内。因此，生物安全实验室气流组织应以控制气溶胶扩散为目标，而医药洁净厂房为保证生产药品的质量，需要尽快将洁净室内的颗粒物排出，较多采用上送下回（排）的气流组织形式。可以看出，以上两种类型的洁净室在控制对象及控制方法上存在一定差别，在生物安全实验室内当条件不具备（如饲养大动物时、室内空间有限时），可以采用上供上排的气流组织方式，但实验室防护区房间内送风口和排风口的布置应符合定向气流的原则，利于减少房间的涡流和气流死角；送排风应不影响生物安全柜等设备的正常功能，可以确保在实验室运行时气流由低风险区向高风险区流动，同时确保实验室空气只能通过 HEPA 过滤器过滤后经专用排风管道排出。

5.4.3　排风高效过滤装置

1. 原位消毒和检漏要求

排风高效过滤装置是实验室内空气排向室外的最后一道防线，如果泄漏，后果不堪设想。世界卫生组织（WHO）颁布的《实验室生物安全手册》（第 3 版）"第 4 章 防护实验室——三级生物安全水平实验室的设计和设施"第 8 条，"当实验室空气（来自生物安全柜的除外）排出到建筑物以外时，必须在远离该建筑及进气口的地方扩散。根据所操作的微生物因子不同，空气可以经 HEPA 过滤器过滤后排放。"第 9 条："所有的 HEPA 过滤器必须安装成可以进行气体消毒和检测的方式。"

为防止其泄漏，GB 19489—2008 和 GB 50346—2011 都对其能进行原位检漏提出了要求。另外，排风 HEPA 过滤器最大的作用在于可以拦截室内病原微生物气溶胶，避免其污染周围环境，这样一来，在对其更换时就必须进行消毒灭菌，避免感染维修更换人员，GB 19489—2008 和 GB 50346—2011 都对其能进行原位消毒灭菌提出了要求。

对于三级生物安全实验室，GB 19489—2008 第 6.3.3.8 条规定："应可以在原位对排风 HEPA 过滤器进行消毒灭菌和检漏"，第 6.3.3.5 条规定："实验室的送风应经过 HEAP 过滤器过滤，宜同时安装粗效和中效过滤器"，可以看出对送风 HEPA 过滤器并未做原位消毒灭菌和检漏的要求。对于四级生物安全实验室，GB 19489—2008 第 6.4.15 条规定："实验室的排风应经过两级 HEPA 过滤器处理后排放"，第 6.4.16 条规定："应可以在原位对送风 HEPA 过滤器进行消毒灭菌和检漏"。

GB 50346—2011 第 5.3.2 条以强制性条文规定："三级和四级生物安全实验室防护区的排风必须经过高效过滤器过滤后排放"，第 5.1.9 条规定："三级和四级生物安全实验室防护区应能对排风高效空气过滤器进行原位消毒和检漏。四级生物安全实验室防护区应能对送风高效空气过滤器进行原位消毒和检漏。"

对于生物安全实验室的排风高效空气过滤装置而言，大部分情况下 HEPA 过滤器自身完好，泄漏往往发生在安装边框上，即安装压不紧。采用两道排风高效空气过滤器的优点包括：两道效率更高、两道互为备用。图 5-8 给出了一道和两道排风 HEPA 过滤器过滤效率对比示意图，从图中可以看出：

（1）当排风高效空气过滤器装置安装质量好时，若一道排风 HEPA 的效率为 99.99%（四九）时，则两道排风 HEPA 的效率应为 99.99999999%（十九），过滤效率大幅提高。

（2）图 5-8（a）显示，当两道排风 HEPA 的第一道安装边框泄漏（假定旁路泄漏量为 10L/min），但第二道安装边框不泄漏时，两道排风 HEPA 过滤装置的实际过滤效率为

99.999993％（七九三），远高于一道排风 HEPA 过滤装置的实际过滤效率 99.99％（四九）。

（3）图 5-8（b）显示，当一道排风 HEPA 的安装边框泄漏（假定旁路泄漏量为 10L/min），则其实际过滤效率为 99.93％（三九三），而当两道排风 HEPA 的第一、二道安装边框均泄漏（假定旁路泄漏量均为 10L/min）时，两道排风 HEPA 过滤装置的实际过滤效率为 99.99995％（六九五），远高于一道排风 HEPA 过滤装置安装边框泄漏时的实际过滤效率。

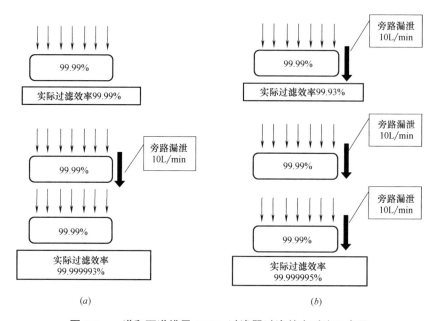

图 5-8　一道和两道排风 HEPA 过滤器过滤效率对比示意图

（a）两道 HEPA 中的第一道泄漏；（b）一道排风 HEPA 泄漏、二道排风 HEPA 的第一、第二道均泄漏

2. 排风 HEPA 过滤装置气密性要求

对于实验室防护区外使用的高效过滤器单元，即管道式排风 HEPA 过滤装置，为便于对其进行原位消毒灭菌，其前后均设置了生物密闭阀，当某一密闭阀失效时，会发生排风 HEPA 过滤装置超压的情况（正压或负压均有可能），故 GB 19489—2008 对其承压能力和气密性提出了明确要求，第 6.3.3.9 条规定："如在实验室防护区外使用高效过滤器单元，其结构应牢固，应能承受 2500Pa 的压力；高效过滤器单元的整体密封性应达到在关闭所有通路并维持腔室内的温度在设计范围上限的条件下，若使空气压力维持在 1000Pa 时，腔室内每分钟泄漏的空气量应不超过腔室净容积的 0.1％。"

能满足上述原位消毒和检漏要求、气密性要求（适用时）的排风 HEPA 过滤装置一般为专用排风高效空气过滤装置，该类装置应符合行业标准《排风高效过滤装置》JG/T 497—2016 的要求。

5.4.4　送排风机备用及联锁控制

1. 送排风机备用意义及要求

生物安全实验室安全的核心措施是通过排风保持负压，所以排风机是关键设备之一，必须有备用。《生物安全实验室建筑技术规范》GB 50346—2011 第 5.3.6 条以强制条文规定："三级和四级生物安全实验室应设置备用排风机组，并可自动切换"。《实验室 生物安全通用要求》GB 19489—2008 第 6.3.3.12 条规定："应有备用排风机"。

GB 50346—2011 和 GB 19489—2008 对于备用送风机的设置并未做明文规定，在我国早期已建的生物安全实验室中，净化空调系统风机配置多为一台送风机、两台排风机（简称一送两排），未设置备用送风机，排风机运行模式为一用一备。这种风机配置及运行模式对自控系统的要求较高，随着国内在三级生物安全实验室建设方面经验的积累与总结，已有一些生物安全实验室建设采用两送两排、两送三排，甚至三送三排的风机配置及运行模式，如图 5-9 和图 5-10 所示。

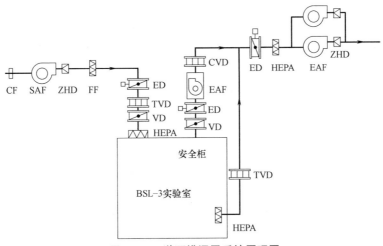

图 5-9　一送两排通风系统原理图

CF—粗效过滤器；SAF—送风机；ZHD—止回阀；FF—中效过滤器；

ED—电动密闭阀；TVD—定风量阀或变风量阀；VD—风量调节阀；

HEPA—高效过滤器；CVD—定风量阀；EAF—排风机

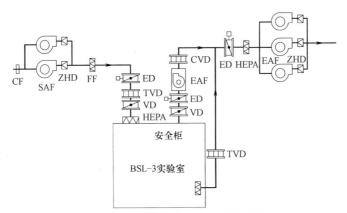

图 5-10　两送三排通风系统原理图

CF—粗效过滤器；SAF—送风机；ZHD—止回阀；FF—中效过滤器；

ED—电动密闭阀；TVD—定风量阀或变风量阀；VD—风量调节阀；

HEPA—高效过滤器；CVD—定风量阀；EAF—排风机

2. 送、排风机联锁控制

实验室送、排风系统是维持室内负压的关键环节，其运行要可靠。空调净化系统在启动备用风机的过程中，应可保持实验室的压力梯度有序，不影响定向气流。为此，GB 19489—2008 和 GB 50346—2011 均明确要求："三级和四级生物安全实验室的排风必须与送风联锁，排风先于送风开启，后于送风关闭。"为了保证实验室要求的负压，排风和送风系统必须可靠联锁，通过"排风先于送风开启，后于送风关闭"，力求始终保证排风量大于送风量，维持室内负压状态。

3. 应注意的问题

送、排风机备用需要关注的问题有两个方面：首先是风机备用的有效性——风机备用不仅仅是备用了风机，还要求当主风机故障时，备用风机可以迅速启动，且整个过程不能发生绝对压力的逆转（出现绝对正压）；其次是风机备用的形式（尤其是送风机的备用）——风机往往安装在机组内（如送风机组、排风机组），备用时是仅备用风机，还是备用风机的同时备用机组关键功能单元（如空调冷热排管），又或者是整个机组备用。

对于排风机组而言，因机组内大部分情况下没有其他功能单元，此时往往仅需备用排风机即可，但要注意的是主、备排风机应安装在各自独立的排风机组内，不能共用一个排风机组，如图 5-11 所示，图 5-11（a）是正确做法，图 5-11（b）中两个风机共用一个排风机箱的做法是错误的，这不是真正意义上的备用，因为在正常使用过程中无法对发生故障的排风机进行检修。工程实际中也有一些排风机组内设置了热管热回收装置、活性炭吸附过滤器等功能单元，此时是整机备用还是仅备用排风机，需要根据工程现场安装位置是否受限及经济性来确定，从最大限度降低风险的角度讲，整机备用更安全，毕竟热管热回收装置或活性炭吸附等功能单元也存在发生故障需要检修的问题。

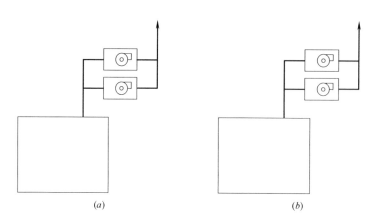

图 5-11　排风机组备用形式对比

（a）主、备排风机组独立设置；（b）主、备排风机共用排风机组

对于送风机组而言，空气处理机组（Air Handling Unit，AHU）内肯定设置了表冷器（很多情况下冷、热盘管是分开设置的）、加湿器、中效过滤器等功能单元，此时是整机备用还是仅备用送风机，需要根据工程现场安装位置是否受限及经济性来确定，从最大限度降低风险的角度讲，整机备用更安全，毕竟冷、热管发生故障的概率也很大，尤其是我国寒冷地区存在盘管冻裂的风险，另外，盘管漏水等问题也会偶尔发生。如果仅备用送风机，虽然生物安全风险可控，但室内温湿度不能被有效保证的风险是存在的，这对于需要长期连续使用的生物安全实验室而言是不能接受的风险。

5.4.5 生物型密闭阀设置及性能

1. 意义及要求

生物安全实验室在完成一种病原实验更换另一种病原后需要进行终末消毒。实验室终末消毒时，通常要求消毒房间密闭性好，目的是保证消毒剂达到一定浓度并保持一定时间；另外，消毒时房间保持一定湿度，才能保证一定的消毒效果。设计人员进行风管设计时，应该让实验室使用方（建设方）提供实验室的消毒方案（即消毒区域的划分）和消毒状态时实验室所需要的温湿度条件，便于在设计时统筹考虑，避免返工。

有关 BSL-3 生物安全实验室风阀的设置国内规范要求如下所述：

《实验室生物安全通用要求》GB 19489—2008 第 6.3.3.10 条规定："应在实验室防护区送排和排风管道的关键节点安装生物型密闭阀，必要时，可完全关闭。应在实验室送风和排风总管道的关键节点安装生物型密闭阀，必要时，可完全关闭。"第 6.3.3.11 条指出："生物型密闭阀与实验室防护区相通的送风管道和排风管道应牢固、易消毒灭菌、耐腐蚀、抗老化，宜使用不锈钢管道；管道的密闭性应达到在关闭所有通路并维持管道内的温度在设计范围上限的条件下，若使空气压力维持在 500Pa 时，管道内每分钟泄露的空气量应不超过管道内净容积的 0.2%。"

《生物安全实验室建筑技术规范》GB 50346—2011 第 5.1.7 条规定："三级和四级生物安全实验室主要实验室的送风、排风支管和排风机前应安装耐腐蚀的密闭阀，阀门严密性应与所在管道严密性要求相适应。"

2. 应注意的问题

生物型密闭阀是指符合生物安全密封要求的密闭阀，目前无统一的标准。密闭阀的密封性能应满足其所连接管道或房间对气密性的要求，即房间压力测试能满足标准要求。不同的核心工作间如果有通风管道直接相通（无 HEPA 过滤器隔离），则视为同一核心工作间。

风管系统中密闭阀设置主要考虑的问题包括：房间之间的隔离（避免房间之间空气流动）、保证 HEPA 过滤器或房间消毒的密闭性。图 5-12 为气体整体循环消毒 HEPA 过滤

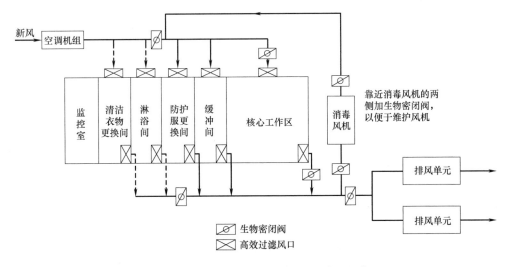

图 5-12 气体整体循环消毒 HEPA 过滤器示意图

器示意图。从图 5-12 中可以看出，风管上的密闭阀根据消毒区域和方案进行设置。

5.4.6 备用电源设置

1. 标准要求

GB 50346—2011 第 7.1.2 条规定："BSL-3 实验室和 ABSL-3 中的 a 类和 b1 类实验室应按一级负荷供电，当按一级负荷供电有困难时，应采用一个独立供电电源，且特别重要负荷应设置应急电源；应急电源采用不间断电源的方式时，不间断电源的供电时间不应小于 30min；应急电源采用不间断电源加自备发电机的方式时，不间断电源应能确保自备发电设备启动前的电力供应。"第 7.1.3 条规定："ABSL-3 中的 b2 类实验室和四级生物安全实验室必须按一级负荷供电，特别重要负荷应同时设置不间断电源和自备发电设备作为应急电源，不间断电源应能确保自备发电设备启动前的电力供应。"。

2. 意义及必要性

GB 50346—2011 对高等级生物安全实验室备用电源问题提出了较高要求，明确要求特别重要负荷（生物安全柜、送风机和排风机、照明、自控系统、监视和报警系统等）应设置 UPS 电源。这是因为若不设置 UPS 电源，生物安全实验室从断电到恢复供电都需一段时间（时间长短与工程现场实际情况有关），这期间实验室原有的负压状态会发生变化，若实验室围护结构严密性好，则这种短时间的压力梯度变化导致的病原微生物外泄的风险仍可控。但对于自动控制系统如电动风阀的开度以及变频风机等设备的运行状态却无法立即恢复至断电前的正常工作状态，而一旦出现突然断电，上述设备在恢复供电重新启动时均会变为初始状态（既电动风阀呈全关或全开状态；变频风机从零压开始启动），所以在恢复供电后，必定要经过一段时间的自动控制调节才能逐步达到断电前的各项设定值。

对于 ABSL-3 中的 b2 类实验室和四级生物安全实验室来说，除了按一级负荷供电外，GB 50346—2011 还要求另外设置不间断电源和自备发电机。这样设置的原因是因为双路供电会存在同时损坏的可能性，例如当一条线路正在检修时另一条线路突然发生故障。所以增设不间断电源和自备发电机组则提高了一级负荷用户电源的可靠性。

3. 应注意的问题

生物安全实验室的供电系统是实验室动力源的核心，缺乏供电系统可靠性的实验室生物安全无从谈起。在进行生物安全实验室设计方案的初设阶段，应首先根据工程的重要性（即生物安全实验室级别）来确定其用电负荷等级、是否设置不间断电源和自备发电设备。

这里需要注意的是对于特别重要负荷的界定，GB 19489—2008 第 6.3.6.2 条（针对的是三级及以上生物安全实验室）规定："生物安全柜、送风机和排风机、照明、自控系统、监视和报警系统等应配备不间断备用电源，电力供应至少维持 30min。"GB 50346—2011 虽然在标准正文中并未予以明确什么是特别重要负荷，但在条文说明中指出：（1）BSL-3 实验室和 ABSL-3 中的 b1 类实验室特别重要负荷包括防护区的送风机、排风机、生物安全柜、动物隔离设备、照明系统、自控系统、监视和报警系统等供电；（2）ABSL-3 中的 b2 类实验室和四级生物安全实验室特别重要负荷包括防护区的生命支持系统、化学淋浴系统、气密门充气系统、生物安全柜、动物隔离设备、送风机、排风机、照明系统、自控系统、监视和报警系统等供电。

需要说明的是，GB 19489—2008 和 GB 50346—2011 两个标准给出的都是基本要求或最低要求，具体工程项目还需要根据工程现场实际情况来确定特别重要负荷的范围，如对于我国寒冷地区、夏热冬冷地区，空调热水循环泵及其自控系统（或新风电预热器）都是特别重要负荷，否则在发生断电时，全新风系统很容易将空气处理机组内的盘管冻裂。

5.4.7 自动控制系统

1. 意义及要求

如果说供电系统是生物安全实验室动力源的心脏，那么自动控制系统就是生物安全实验室的神经中枢，不论是硬件的各类传感器、数据采集器、控制器、执行器，还是软件操作程序，当其发生故障且不能被及时修复时，都会导致不同程度的风险发生，就如同神经中枢出现问题时，人会出现一些病态症状一样。

自动控制系统最根本的任务是需要任何时刻均能自动调节，以保证生物安全实验室关键参数的正确性。生物安全实验室进行的实验都有危险，因此无论控制系统采用何种设备、何种控制方式，前提是要保证实验环境不会威胁到实验人员，不会将病原微生物泄漏到外部环境中。

GB 19489—2008 在第 6.3.8 节以 14 项具体条文，对生物安全实验室的自控、监视与报警系统提出了明确要求，GB 50346—2011 在第 7.3 节以 15 项具体条文，对生物安全实验室的自控系统提出了明确要求，这里不再赘述。

2. 应注意的问题

需要说明的是，GB 19489—2008 和 GB 50346—2011 两个标准给出的有关自动控制系统的要求都是基本要求或最低要求，在进行生物安全实验室设计方案的初设阶段，还需要根据工程现场实际情况来确定自控系统方案。

目前，国内很多已建高等级生物安全实验室在传感器、数据采集器、执行器和控制器等硬件设备的冗余设计问题上考虑不足，如核心工作间、送排风管道上的压力传感器往往仅设置了一个绝对压力传感器，当该传感器发生故障（或出现数据漂移偏差较大）时，自控系统就会如同失去了眼睛（或视力衰退）一样，变成"瞎忙"的状态，这是存在一定风险的。这些问题的出现，和设计人员认知、项目投资预算、实验室风险评估等多种因素有关。当然，类似问题并不意味着就一定会有多大的风险发生，但由于传感器属于电子元器件，在实际使用过程中容易发生零点漂移，所以应定期进行校准，如可以在生物安全实验室的性能年度检测中，由检测单位进行传感器（尤其是压力传感器）的一致性检验。

对软件操作程序而言，在生物安全实验室建设阶段的检测验收过程中，经常会遇到的共性问题有：

（1）软件界面过于复杂，需要输入信息较多、操作繁琐，对自控操作人员专业知识要求较高，不便于后期运行维护。毕竟软件编写开发人员的技术水平和将来实际操作使用人员的技术水平还是存在较大差距的，过于繁琐的软件操作会降低使用人员操作熟练性，放大风险。

（2）实验室防护区内有控制要求的参数、关键设施设备运行的状况、报警记录等中央控制系统记录和存储的历史记录信息系统不够详细，不便于随时查看历史记录数据（宜以趋势曲线结合文本记录的方式表达），压力、温湿度等趋势曲线不够直观，也不便于查看。

（3）紧急报警和一般报警的划分不合理，紧急报警时界面显示不够突出，不容易引起中控室值班人员的注意。报警方案的设计异常重要，原则是不漏报、不误报、分轻重缓急、传达到位。一般报警指暂时不影响安全，实验活动可持续进行的报警，如过滤器阻力的增大、温湿度偏离正常值等；紧急报警指对安全有影响，需要考虑是否让实验活动终止的报警，如实验室出现正压、压力梯度持续丧失、风机切换失败、停电、火灾等。

5.4.8 工艺压缩空气

1. 意义及要求

生物安全实验室可能使用工艺压缩空气的地方主要有双扉高压蒸汽灭菌锅、气动风阀、气密门、气密传递窗等，工艺压缩空气也是生物安全实验室的重要动力源之一，当空压机或调压阀发生故障且不能被及时修复时，会导致不同程度的风险发生，如气密门、气密传递窗、双扉高压灭菌锅等气密性的丧失，会导致围护结构气密性丧失，存在病原微生物外泄的风险。

GB 50346—2011 第 6.4.6 条规定："充气式气密门的压缩空气供应系统的压缩机应备用，并应保证供气压力和稳定性符合气密门供气要求。"此条虽然是描述气密门压缩空气供应系统的，但同样适用于气密传递窗、双扉高压蒸汽灭菌锅、气动风阀等。

2. 应注意的问题

现行国家标准 GB 19489 和 GB 50346 都对生命支持供气系统提出了较高的要求（如空压机备用、不间断电源供应、报警系统等），对工艺压缩空气供应系统并未提及过多要求，从风险评估的角度来看，可能生命支持供气系统的风险等级要高于工艺压缩空气供气系统。但对于实际工程项目而言，在工艺压缩空气供气系统的冗余设计问题上，应予以充分考虑，我国目前已建的四级和大动物三级生物安全实验室大多考虑了冗余设计问题。

5.5 小结

风险评估贯穿于生物安全实验室全寿命周期（建设、运行维护等全过程），包括实验室建设阶段的初始风险评估、运行维护阶段的风险再评估。两个阶段都不是孤立、静止的，而是一个动态循环的过程。生物安全实验室建设阶段的初始风险评估应识别出待建实验室设施设备各种潜在的风险因素，给出风险控制措施方案，并在设计阶段、施工阶段予以落实，在检测验收阶段予以测试验证。

本章从工程选址与平面、建筑结构与装修、通风空调、给水排水与气体供应、电气自控、消防、关键防护设备 7 个方面对生物安全实验室设施设备进行了风险识别，给出了风险源清单（主要风险源，并不代表全部），对各风险因素进行了风险分析与风险评价，结合风险控制示例对剩余风险进行了评价。

一项风险事件的发生可能有多种成因，但关键因素往往只有几种，本章对初始风险评估阶段应重点考虑的几项关键风险因素进行了分析，生物安全实验室相关使用方、设计方、施工方、监理方、检测验收方应在表 5-12 给出的风险评估的基础上，重点持续跟踪关键风险因素的控制措施。

本章参考文献

[1] 中国建筑科学研究院. 生物安全实验室建筑技术规范. GB 50346—2011 [S]. 北京：中国建筑工业出版社，2012.

[2] 中国合格评定国家认可中心. 实验室生物安全通用要求. GB 19489—2008 [S]. 北京：中国标准出版社，2008.

[3] 中国国家认证认可监管管理委员会. 实验室设备生物安全性能评价技术规范. RB/T 199—2015 [S]. 北京：中国标准出版社，2016.

[4] 马立东. 生物安全实验室类建筑的规划与建筑设计 [J]. 建筑科学，2005，21（增刊）：24-33.

[5] 吕京，王荣，曹国庆. 四级生物安全实验室防护区范围及气密性要求 [J]. 暖通空调，2018，48（3）：15-20.

[6] 曹国庆，王荣，翟培军. 高等级生物安全实验室围护结构气密性测试的几点思考 [J]. 暖通空调，2016，46（12）：74-79.

[7] 曹国庆，张益昭，董林. BSL-3 实验室空调系统风机配置运行模式探讨 [J]. 环境与健康杂志，2009，26（6）：547-549.

[8] 曹国庆，王荣，李屹 等. 高等级生物安全实验室压力波动原因及控制策略 [J]. 暖通空调，2018，48（1）：7-12.

[9] 曹国庆，李晓斌，党宇. 高等级生物安全实验室空间消毒模式风险评估分析 [J]. 暖通空调，2017，47（3）：51-56.

[10] 张益昭，于玺华，曹国庆 等. 生物安全实验室气流组织形式的实验研究 [J]. 暖通空调 2006，36（11）：1-7.

[11] 曹国庆，张益昭，许钟麟 等. 生物安全实验室气流组织效果的数值模拟研究 [J]. 暖通空调，2006，36（12）：1-4.

[12] 曹国庆，刘华，梁磊 等. 由生物安全实验室检测引发的有关设计问题的几点思考 [J]. 暖通空调，2007，37（10）：52-57.

[13] 张昺东，曹国庆. 高等级生物安全实验室 UPS 设计及风险分析 [J]. 建筑电气，2018，37（1）：15-19.

[14] 曹国庆，刘华，梁磊 等. 由生物安全实验室检测引发的有关设计问题的几点思考暖通空调 [J]. 2007，37（10）：52-57.

[15] 王清勤，赵力，曹国庆 等. GB 50346 生物安全实验室建筑技术规范修订要点 [J]. 洁净与空调技术，2012，2：44-48.

[16] 李屹，曹国庆，代青. 高等级生物安全实验室压力衰减法气密性测试影响因素 [J]. 暖通空调，2018，48（1）：28-31.

[17] 李屹，曹国庆，王荣 等. 生物安全柜运行现状调研 [J]. 暖通空调，2018，48（1）：32-37.

[18] 曹冠朋，曹国庆，陈咏 等. 生物安全隔离笼具产品和标准概况及现场检测结果 [J]. 暖通空调，2018，48（1）：38-43.

[19] 张惠，郝萍，曹国庆 等. 非气密式动物隔离设备运行现状调研分析 [J]. 暖通空调，2018，48（1）：45-47.

[20] 曹国庆，许钟麟，张益昭 等. 洁净室气密性检测方法研究——国标《洁净室施工及验收规范》编制组研讨系列课题之八 [J]. 暖通空调，2008，38（11）：1-6.

[21] 曹国庆，许钟麟，张益昭 等. 洁净室高效空气过滤器现场检漏方法的实验研究——国标《洁净室施工及验收规范》编制组研讨系列课题之七 [J]. 暖通空调，2008，38（10）：4-8.

[22] 曹国庆，崔磊，姚丹. 生物安全实验综合性能评定若干问题的探讨：系统安全性与可靠性验证 [C]. 全国暖通空调制冷 2010 年学术年会论文集，2010.

[23] Peter Mani 著. 兽医生物安全设施——设计与建造手册 [M]. 徐明 等译. 北京：中国农业出版社，2006.

[24] 梁磊，冯昕，张昷东 等. 高级别生物安全实验室中ⅡB2型生物安全柜气流控制模式研究 [J]. 暖通空调，2018，48（1）：20-27.

[25] 王冠军，严春炎，武国梁 等. 生物安全实验室活毒废水处理工艺研究 [J]. 军事医学，2013，37（1）：27-29.

[26] 赵四清，郎红梅，于公义 等. 生物安全实验室围护结构关键节点的密封设计 [J]. 医疗卫生装备，2009，30（5）：37-39，43.

[27] 蒋晋生，张义，陈杰云 等. 生物安全型高压灭菌器在BSL-3实验室中的应用 [J]. 中国医院建筑与装备，2013，19（8）：99-101，43.

[28] 魏琨. 某生物安全实验室废水处理工艺选择. 公用工程设计，2008，增刊：56-58.

[29] 张亦静，吴新洲. 高级别大动物生物安全实验室的废水废物处理 [J]. 给水排水，2008，34（2）：79-83.

[30] 张亦静，吴继中. 浅谈生物安全实验室活毒废水处理 [J]. 给水排水，2006，32（7）：66-69.

第6章 生物安全实验室运行维护阶段的风险再评估

6.1 概述

实验室生物安全涉及的绝不仅是实验室工作人员的个人健康，一旦发生事故，极有可能会给人群、动物或植物带来不可预计的危害。生物安全实验室事件或事故的发生是难以完全避免的，重要的是实验室工作人员应事先了解所从事活动的风险及应在风险已控制在可接受的状态下从事相关的活动，风险评估是实验室设计、建造和管理的依据。

在生物安全实验室建设阶段的风险评估主要用于帮助生物安全实验室设计者与使用者确定实验室的规模、设施与合理布局，其评估结果可能针对性不够强或不够详细，与实际使用有差距。在生物安全实验室正式启用前，应根据实际工作进行风险再评估。生物安全实验室设施设备建设完成并投入运行以后，鉴于设施设备会随着实验室的持续运行而逐渐老化，风险评估应是动态的，每年应至少进行 1～2 次设施设备的定期再评估。另外，在相关政策、法规、标准等变化时需要风险再评估；因病原微生物相关信息的不断更新和实验活动的变更等因素需要进行风险再评估时，设施设备应同时进行风险再评估。

由于实验室活动的复杂性，硬件配置是保证实验室生物安全的基本条件，是简化管理措施的有效途径。实验室工作人员应认识但不应过分依赖于实验室设施设备的安全保障作用，绝大多数生物安全事故的根本原因是缺乏生物安全意识和疏于管理。

本书第 4 章基于实验室运行过程中可能出现的各种设施设备故障导致病原微生物外泄风险，建立了高等级生物安全实验室设施设备运行阶段故障树模型，给出了可导致病原微生物外泄的主要风险因子，并不代表识别出了所有设施设备的基本风险因子，设施设备故障树分析的过程是对实验室系统深入认识的过程，随着运行管理、维护保养等方面经验的积累，在弄清各种潜在因素对故障发生影响的途径和程度后，进一步修改和完善设施设备故障树，以便快速发现并及时解决问题，提高系统可靠性。

本章在生物安全实验室设施设备故障树模型研究成果的基础上，结合现行国家标准《实验室　生物安全通用要求》GB 19489、《生物安全实验室建筑技术规范》GB 50346 和认证认可行业标准《实验室设备生物安全性能评价技术规范》RB/T 199 的要求，开展生物安全实验室运行维护阶段风险再评估研究，根据风险再评估阶段应考虑的问题，系统地补充完善生物安全实验室设施设备运行维护阶段的主要风险因素。

6.2 设施设备运行维护阶段风险源

6.2.1 设施设备性能及参数

《洁净室及相关受控环境》ISO 14644 要求洁净度等级为 7 级、8 级的洁净室室内环境参数（洁净度、风量、压差等）的最长检测时间间隔为 12 个月，对于生物安全实验室，除日常检测外，每年至少进行一次各项综合性能的全面检测是有必要的。另外，更换了送、排风高效过滤器后，由于系统阻力的变化，会对房间风量、压差产生影响，必须重新进行调整，经检测确认符合要求后，方可使用。有生物安全柜、隔离设备等的实验室，首先应进行生物安全柜、动物隔离设备等的现场检测，确认性能符合要求后方可进行实验室性能的检测。三级和四级生物安全实验室工程静态检测的必测项目应按表 6-1 的规定进行。

<table>
<tr><td colspan="2" align="center">三级和四级生物安全实验室工程检测的必测项目</td><td align="right">表 6-1</td></tr>
</table>

项 目	工 况
围护结构的严密性/气密性	送、排风系统正常运行或将被测房间封闭
防护区排风高效过滤器原位检漏——全检	大气尘或发人工尘
送风高效过滤器检漏	送、排风系统正常运行（包括生物安全柜）
静压差	所有房门关闭，送、排风系统正常运行
气流流向	所有房门关闭，送、排风系统正常运行
室内送风量	所有房门关闭，送、排风系统正常运行
洁净度级别	所有房门关闭，送、排风系统正常运行
温度	所有房门关闭，送、排风系统正常运行
相对湿度	所有房门关闭，送、排风系统正常运行
噪声	所有房门关闭，送、排风系统正常运行
照度	无自然光下
应用于防护区外的排风高效过滤器单元严密性	关闭高效过滤器单元所有通路并维持测试环境温度稳定
工况验证	工况转换、系统启停、备用机组切换、备用电源切换以及电气、自控和故障报警系统的可靠性

一些生物安全实验室采用在防护区外设置排风高效过滤单元，因此除实验室和送排风管道的严密性需要验证外，还需进行高效过滤单元的严密性验证。此外，实验室各工况的平稳安全是实验室安全性的组成部分，应作为必检项目进行验证。

生物安全实验室设施性能及参数验证主要风险因素如表 6-2 所示。

<table>
<tr><td colspan="4" align="center">性能及参数验证主要风险因素</td><td align="right">表 6-2</td></tr>
</table>

序号	识别项	风险描述	适用范围		
			二级	三级	四级
1	室内环境参数	静压差不符合要求		√	√
2		气流流向不符合要求		√	√
3		室内送风量不符合要求		√	√
4		洁净度级别不符合要求		√	√
5		温度不符合要求		√	√
6		相对湿度不符合要求		√	√
7		噪声不符合要求		√	√
8		照度不符合要求		√	√
9	围护结构	围护结构的严密性不符合要求		√	
10		围护结构的气密性不符合要求			√
11	HEPA	防护区排风高效过滤器原位检漏不符合要求		√	√
12		送风高效过滤器检漏不符合要求		√	√

续表

序号	识别项	风险描述	适用范围		
			二级	三级	四级
13		系统启停时送排风机联锁可靠性验证不符合要求		√	√
14		生物安全柜、动物隔离设备、IVC、负压解剖台等设备的启停,对防护区压力梯度影响可靠性验证不符合要求		√	√
15		备用排风机切换及故障报警可靠性验证不符合要求		√	√
16	工况验证	备用送风机切换及故障报警可靠性验证不符合要求			√
17		备用电源(UPS)系统切换及故障报警可靠性验证不符合要求		√	√
18		备用空气压缩机(供气系统)切换及故障报警可靠性验证不符合要求		√	√
19		失压报警系统可靠性验证不符合要求		√	√
20		紧急解锁系统可靠性验证不符合要求		√	√
21		互锁门的互锁功能可靠性验证不符合要求		√	√

6.2.2 关键防护设备性能

我国认证认可行业标准《实验室设备生物安全性能评价技术规范》RB/T 199—2015给出的 12 种关键防护设备分别为:生物安全柜、动物隔离设备、独立通风笼具(IVC)、压力蒸汽灭菌器、气(汽)体消毒设备、气密门、排风高效过滤装置、正压防护服、生命支持系统、化学淋浴消毒装置、污水消毒设备、动物残体处理系统(包括碱水解处理和炼制处理)。实验室设备的生物安全性能是实验室生物安全防护水平评价的重要组成部分,对设备的生物安全性能评价可以控制生物安全实验室设备的生物安全风险,保障生物安全实验室的生物安全防护能力,防止生物安全实验室发生人员感染或病原微生物泄露。

本书第 4 章基于高等级生物安全实验室运行过程中可能出现的各种关键防护设备故障导致病原微生物外泄风险,建立了高等级生物安全实验室关键防护设备故障树,通过故障树风险识别给出了生物安全实验室关键防护设备的主要风险因素,汇总如表 6-3 所示。

关键防护设备生物安全性能主要风险因素　　　　　　　表 6-3

序号	关键设备	子项序号	风险描述	适用的实验室类型		
				二级	三级	四级
1	生物安全柜	1	排风高效过滤器检漏不符合要求	√	√	√
		2	工作窗口气流反向	√	√	√
		3	工作窗口风速偏低	√	√	√
		4	工作区洁净度达不到百级要求	√	√	√
		5	垂直气流平均风速偏小	√	√	√
		6	噪声高	√	√	√
		7	照度低	√	√	√
2	非气密式动物隔离设备	1	排风高效过滤器检漏不符合要求		√	√
		2	工作窗口气流反向		√	√
		3	箱体内外压差偏小		√	√
		4	送风高效过滤器检漏不符合要求		√	√
3	气密式动物隔离设备	1	排风高效过滤器检漏不符合要求		√	√
		2	箱体气密性失效		√	√

序号	关键设备	子项序号	风 险 描 述	适用的实验室类型		
				二级	三级	四级
3	气密式动物隔离设备	3	箱体内外压差偏小		√	√
		4	手套连接口风速偏小		√	√
		5	送风高效过滤器检漏不符合要求		√	√
4	独立通风笼具	1	排风高效过滤器检漏不符合要求	√	√	√
		2	笼盒气密性检测不符合要求	√	√	√
		3	笼盒内外压差检测不符合要求	√	√	√
		4	笼盒内气流速度偏大	√	√	√
		5	笼盒换气次数偏小	√	√	√
		6	送风高效过滤器检漏不符合要求		√	√
5	压力蒸汽灭菌器	1	消毒灭菌效果验证不合格		√	√
		2	压力表/压力传感器失真		√	√
		3	温度表/温度传感器失真		√	√
		4	泄压管道排气高效过滤器检漏不符合要求		√	√
6	气(汽)体消毒设备	1	消毒灭菌效果验证不合格		√	√
		2	消毒剂有效成分失效		√	√
7	气密门	1	外观及配置检查不合格			√
		2	性能检查不能满足使用要求			√
		3	气密性达不到所在房间气密性要求			√
8	排风高效过滤装置	1	气密性不符合标准要求		√	√
		2	扫描检漏范围不能覆盖过滤器本体及安装边框		√	√
		3	高效过滤器检漏发现泄漏		√	√
9	生命支持系统	1	生命支持系统的 UPS 故障			√
		2	主、备空压机故障			√
		3	生命支持系统控制器故障			√
		4	生命支持系统软件程序故障			√
		5	自动切换阀故障			√
		6	储气罐无气或压力不足			√
10	正压防护服	1	气密性失效			√
		2	供气流量偏低			√
11	化学淋浴装置	1	装置气密性不符合标准要求			√
		2	排风高效过滤器检漏不符合要求			√
		3	换气次数偏低			√
		4	自控系统失效			√
		5	自带生物密闭阀性能失效			√
		6	消毒灭菌效果验证不合格			√
		7	液位报警装置失效			√
		8	给水排水防回流措施失效			√
12	活毒废水处理系统	1	罐体泄压管道排气高效过滤器检漏不符合要求			√
		2	罐体、阀门、管道等泄漏			√
		3	压力表/压力传感器失真			√
		4	温度表/温度传感器失真			√

续表

序号	关键设备	子项序号	风险描述	适用的实验室类型		
				二级	三级	四级
12	活毒废水处理系统	5	消毒灭菌效果验证不合格			√
13	动物残体处理系统	1	罐体泄压管道排气高效过滤器检漏不符合要求			√
		2	罐体、阀门、管道等泄漏			√
		3	压力表/压力传感器失真			√
		4	温度表/温度传感器失真			√
		5	消毒灭菌效果验证不合格			√

注：1. 符合 GB 19489—2008 中 4.4.3 类 ABSL-3 实验室参照四级生物安全实验室执行。

　　2. 加强型二级生物安全实验室参照三级生物安全实验室执行。

需要指出的是，表 6-3 给出的这些风险主要是针对关键防护设备生物安全性能方面存在的主要风险，也包括部分设备部件或构件自身的机械故障风险，但零部件机械故障方面的风险列出的并不全面，实验室应根据对设备运行机理及部件构造认识的增加，逐步完善这部分风险清单。

表 6-3 识别出的生物安全实验室关键防护设备生物安全性能方面的主要风险，需要在运行维护阶段采取相应风险控制措施予以消除或规避风险，如日常监测、定期检测等，尤其是高等级生物安全实验室，关键防护设备的核心性能指标的定期检测（如年检）必不可少。

6.3　设施设备风险再评估

本节对 6.2 节给出的风险源清单中的各风险因素，依据本书第 2.3、2.4 节内容，进行风险分析与风险评价，结合风险控制示例对剩余风险进行评价，如表 6-4 所示，需要说明的是：

（1）表中的各风险因素为生物安全实验室可能涉及的、和生物安全直接或间接相关的主要风险源，并不代表每个实验室都有这么多风险源，需要根据实验室生物安全级别、工程实际情况进行选择。

（2）表中的风险控制示例仅为范例，在风险评估报告编制过程中，需要依据工程实际采取的风险控制措施给出，并对剩余风险进行评价。

风险评估的结果具有不确定性，这是其本质。不确定性是实验室内外部环境中必然存在的情况，不确定性也可能来源于数据的质量和数量。可利用的数据未必能为评估未来的风险提供可靠的依据，某些风险可能缺少历史数据，或是不同利益相关者对现有数据有不同的解释。进行风险评估的人员应理解不确定性的类型及性质，同时认识到风险评估结果可靠性的重大意义，并向决策者说明其科学含义。

生物安全实验室设施设备风险评估的关键在于参与人员的经验、知识水平、对生物安全实验室设施设备的了解程度、风险源的特性和信息的全面性。根据实验室各自的特点，制定并不断完善"风险源清单"是十分有助于风险评估的做法。识别风险的角度可不同，但随着实验室风险管理体系运行经验的积累，风险清单应越来越接近实际情况、越来越实用。

本节结合 GB 19489—2008 及 GB 50346—2011 对二、三、四级生物安全实验室建筑设施设备的有关要求，对第 6.2 节识别的基本风险因素进行风险分析与评价，主要是定性分析。目前对生物安全实验室风险评估的定量化分析仍很困难，我国生物安全实验室的建设和正规化使用是近十年的事情，缺少实验室事故等基础数据，定量化分析是未来的事情。

表 6-4

生物安全实验室设施设备运行维护阶段风险再评估示例表

序号	识别项	风险描述	风险可能性	风险后果	固有风险	设计或已有的控制措施	剩余风险	适用范围 二级	适用范围 三级	适用范围 四级
1	室内环境参数	静压差不符合要求	很可能发生	影响重大	高	加强房间绝对压力、与相邻房间相对压力的日常监测,每年由第三方检测机构校准压力表、压力传感器等;当自控系统预警或报警压力梯度失效时,及时检修	低		√	√
2		气流流向不符合要求	很可能发生	影响重大	高	加强室内气流流向的日常检测,每年由第三方检测机构校准气流流向,确保气流定向流需求	低	√	√	√
3		室内送风量不符合要求	很可能发生	影响一般	中	加强送风高效过滤器阻力的日常监测,每年由第三方检测机构校准送风过滤器阻力传感器等;当自控系统预警需要更换送风高效空气过滤器时,及时更换	低	√	√	√
4		洁净度级别不符合要求	很可能发生	影响一般	中	加强室内含尘浓度的日常检测,每年由第三方检测机构检测室内含尘浓度,确保洁净净度符合要求	低	√	√	√
5		温度不符合要求	很可能发生	影响一般	中	加强室内温度传感器等的日常监测,每年由第三方检测机构检测校准室内温度,当自控系统报警温度不符合要求时,及时检修	低	√	√	√
6		相对湿度不符合要求	很可能发生	影响一般	中	加强室内相对湿度的日常监测,每年由第三方检测机构检测校准室内相对湿度,当自控系统报警相对湿度不符合要求时,及时检修	低	√	√	√
7		噪声不符合要求	很可能发生	影响一般	中	日常运行过程中当室内噪声出现异常时,及时分析原因,加强室内噪声的日常检测,每年由第三方检测机构检测室内噪声,确保噪声符合要求	低	√	√	√
8		照度不符合要求	很可能发生	影响一般	中	加强室内照度的日常检测,发现照明灯具不亮时,及时检修;每年由第三方检测机构检测室内照度,确保照度符合要求	低	√	√	√
9	围护结构	围护结构的严密性不符合要求	很可能发生	影响一般	中	加强围护结构壁板、接缝密封等方面的维护,发现密封严密性不符合要求时,及时由第三方检测机构围护结构气密性,发现泄漏严处,及时封堵处理	低	√	√	√
10		围护结构的气密性不符合要求	很可能发生	影响特别重大	极高	加强围护结构、穿墙密封设备、穿墙管道等的密封性,发现气密性不符合压力衰减法(或恒压法)要求时,及时查找原因并封堵处理;每年由第三方检测机构检测围护结构气密性	低			√

续表

序号	识别项	风险描述	风险可能性	风险后果	固有风险	设计或已有的控制措施	剩余风险	适用范围		
								二级	三级	四级
11	HEPA	防护区排风高效过滤器原位检漏不符合要求	可能发生	影响特别重大	极高	由第三方检测机构检测验证，确保符合要求，检测时机至少包括：安装后投入使用前，更换高效空气过滤器或内部部件维修后，年度的维护检测	低		√	√
12		送风高效过滤器检漏不符合要求	可能发生	影响较大	中	同上	低		√	√
13		系统启停时送排风机联锁可靠性验证不符合要求	可能发生	影响重大	高	由第三方检测机构检测验证，确保符合要求，检测时机至少包括：安装后投入使用前，年度的维护检测	低		√	√
14		生物安全柜、IVC、动物隔离设备等设备，动物解剖台的启停，对防护区负压、负压梯度影响可靠性验证不符合要求	可能发生	影响较大	中	同上	低		√	√
15	工况验证	备用排风机切换及故障报警可靠性验证不符合要求	很可能发生	影响特别重大	极高	由第三方包括：安装后投入使用前，年度的维护检测。日常运行过程中，加强对主、备风机设备的巡检，发现问题及时检修	低		√	√
16		备用送风机切换及故障报警可靠性验证不符合要求	可能发生	影响重大	高	同上	低			√
17		备用电源（UPS）系统切换及故障报警可靠性验证不符合要求	很可能发生	影响重大	高	由第三方检测机构检测验证，确保符合要求，检测时机行过程中，加强对 UPS 的管理，尤其是蓄电池的维护保养，定期（如每 3 个月）充放电一次	低		√	√
18		备用空气压缩机（供气系统）切换及故障报警可靠性验证	可能发生	影响重大	高	由第三方检测机构检测验证，确保符合要求，检测时机行过程中，加强对空压机、减压阀等设备的巡检，发现问题及时检修	低		√	√

续表

序号	识别项	风险描述	风险可能性	风险后果	固有风险	设计或已有的控制措施	剩余风险	适用范围 二级	三级	四级
19	工况验证	失压报警系统可靠性验证不符合要求	可能发生	影响重大	高	由第三方检测机构检测验证,确保符合要求,检测时机至少包括:安装后投入使用前,发现问题及时检修。日常运行过程中,发现问题及时检修	低		√	√
20		紧急解锁系统可靠性验证不符合要求	可能发生	影响重大	高	同上	低		√	√
21		互锁门的互锁功能可靠性验证不符合要求	可能发生	影响重大	高	同上	低		√	√
22	生物安全柜	排风高效过滤器检漏不符合要求	可能发生	影响重大	高	由第三方检测机构检测验证,确保符合要求,检测时机至少包括:安装后投入使用前,更换高效空气过滤器或内部部件维修后,年度的维护检测	低		√	√
		工作窗口气流反向	可能发生	影响重大	高	由第三方检测机构检测验证,确保符合要求,检测时机至少包括:安装后投入使用前,更换高效空气过滤器或内部部件维修后,年度的维护检测。在日常运行过程中,定期通过丝线法或发烟法查看验气流流向,发现问题及时检修	低		√	√
		工作窗口风速偏低	很可能发生	影响较大	高	由第三方检测机构检测验证,确保符合要求,检测时机至少包括:安装后投入使用前,更换高效空气过滤器或内部部件维修后,年度的维护检测	低	√	√	√
		工作区洁净度达不到百级要求	可能发生	影响重大	中	同上	低	√	√	√
		垂直气流平均风速偏小	很可能发生	影响较大	高	同上	低	√	√	√
		噪声高	可能发生	影响一般	低	同上	低	√	√	√
		照度低	可能发生	影响一般	低	同上	低	√	√	√

续表

序号	识别项	风险描述	风险可能性	风险后果	固有风险	设计或已有的控制措施	剩余风险	适用范围 二级	适用范围 三级	适用范围 四级
23	非气密式动物隔离设备	排风高效过滤器检漏不符合要求	可能发生	影响重大	高	由第三方检测机构检测验证，确保符合要求，检测时机至少包括：安装后投入使用前、更换高效空气过滤器或内部部件维修后、年度的维护检测	低			√
		工作窗口气流反向	可能发生	影响重大	高	由第三方检测机构检测验证，确保符合要求，检测时机至少包括：安装后投入使用前、更换高效空气过滤器或内部部件维修后、年度的维护检测，在日常运行过程中，定期通过丝线或发烟法查验气流流向，发现问题及时检修	低			√
		箱体内外压差偏小	可能发生	影响重大	高	由第三方检测机构检测验证，确保符合要求，检测时机至少包括：安装后投入使用前、更换高效空气过滤器或内部部件维修后、年度的维护检测	低			√
		送风高效过滤器检漏不符合要求	可能发生	影响较大	中	同上	低			√
24	气密式动物隔离设备	排风高效过滤器检漏不符合要求	可能发生	影响重大	高	由第三方检测机构检测验证，确保符合要求，检测时机至少包括：安装后投入使用前、更换高效空气过滤器或内部部件维修后、年度的维护检测	低			√
		箱体气密性不符合要求	很可能发生	影响重大	高	同上	低		√	√
		箱体内外压差偏小	可能发生	影响重大	高	同上	低		√	√
		手套连接口风速偏小	很可能发生	影响较大	高	同上	低		√	√
		送风高效过滤器检漏不符合要求	可能发生	影响较大	中	同上	低		√	√
25	独立通风笼具	排风高效过滤器检漏不符合要求	可能发生	影响重大	高	由第三方检测机构检测验证，确保符合要求，检测时机至少包括：安装后投入使用前、更换高效空气过滤器或内部部件维修后、年度的维护检测	低	√	√	√

127

续表

序号	识别项	风险描述	风险可能性	风险后果	固有风险	设计或已有的控制措施	剩余风险	适用范围 二级	适用范围 三级	适用范围 四级
25	独立通风笼具	笼盒气密性检测不符合要求	很可能发生	影响较大	高		低	√	√	√
		笼盒内外压差检测不符合要求	可能发生	影响重大	高	同上	低		√	√
		笼盒内气流速度偏大	可能发生	影响较大	中	同上	低	√	√	√
		笼盒换气次数偏小	可能发生	影响较大	中	同上	低	√	√	√
		送风高效过滤器检漏不符合要求	可能发生	影响较大	中	同上	低	√	√	√
26	压力蒸汽灭菌器	消毒灭菌效果验证不合格	可能发生	影响重大	高	实验室或由第三方进行消毒效果验证,确保符合要求;安装时投入使用前、更换高效空气过滤器或内部部件维修后,年度的维护检测	低			√
		压力表/压力传感器失真	可能发生	影响重大	高	每半年由当地计量院或其他仪器仪表校准机构进行检测校准;确保符合使用要求	低			√
		温度表/温度传感器失真	可能发生	影响重大	高	每半年由当地计量院或其他仪器仪表校准机构进行检测校准;确保符合使用要求	低			√
		泄压管道排气高效过滤器检漏不符合要求	可能发生	影响重大	高	安装后投入使用前,由压力蒸汽灭菌器厂家提供过滤器性能检验报告;以证实其符合使用要求;更换高效过滤器后,由过滤器厂家或维修单位提供性能检验报告	低			√
27	气体消毒设备	消毒灭菌效果验证不合格	可能发生	影响重大	高	实验室或由第三方进行消毒效果验证,确保符合要求;验证时机至少包括:气体消毒设备投入使用前、主要部件更换或维修后,定期的维护检测	低	√	√	√
		消毒剂有效成分失效	很可能发生	影响重大	高	实验室定期(如每周)验证消毒剂有效成分,失效时及时采取措施,恢复有效成分	低	√	√	√

续表

序号	识别项	风险描述	风险可能性	风险后果	固有风险	设计或现有的控制措施	剩余风险	适用范围 二级	适用范围 三级	适用范围 四级
28	气密门	外观及配置检查不合格	可能发生	影响较大	中	加强日常外观及配置检查，确保满足使用要求，每年由第三方检测机构检测	低			√
		按钮、互锁等性能检查不能满足使用要求	可能发生	影响重大	高	加强日常性能检查，确保满足使用要求，每年由第三方检测机构检测	低			√
		气密性达不到所在房间气密性要求	很可能发生	影响重大	高	由第三方检测机构检测气密门所在房间的气密性，确保检测结构符合要求；安装后投入使用前、实验室围护结构不能满足气密性要求或怀疑气密门有泄漏可能时，年度的维护检测	低			√
29	排风高效过滤装置	气密性不符合标准要求	很可能发生	影响重大	高	由第三方检测机构检测排风高效过滤装置的气密性，确保气密性符合要求，检测时机至少包括：安装后投入使用前、更换高效空气过滤器或内部件后，年度的维护检测	低		√	√
		扫描检漏范围不能覆盖过滤器本体及安装边框	可能发生	影响重大	高	由第三方检测机构对排风高效过滤装置检漏范围进行有效性确认，确保符合要求，检测时机至少包括：安装后投入使用前、更换高效空气过滤器或内部件后，年度的维护检测	低		√	√
		高效过滤器检漏发现泄漏	可能发生	影响重大	高	由第三方检测机构对排风高效过滤装置进行检漏，确保符合要求，检测时机至少包括：安装后投入使用前、更换高效空气过滤器或内部件后，年度的维护检测	低		√	√
30	生命支持系统	生命支持系统的电源故障	很可能发生	影响重大	高	由第三方检测机构对生命支持系统进行检验验证，确保符合要求，检测时机至少包括：安装后投入使用前、系统关键部件更换维修后，年度的维护检测，在日常运行过程中，加强对生命支持系统各设备部件的巡检，发现问题及时检修	低		√	√
		主备空压机故障	可能发生	影响重大	高		低		√	√
		生命支持系统控制器故障	可能发生	影响重大	高		低		√	√

续表

序号	识别项	风险描述	风险可能性	风险后果	固有风险	设计或已有的控制措施	剩余风险	适用范围 二级	适用范围 三级	适用范围 四级
30	生命支持系统	生命支持系统软件程序故障	可能发生	影响重大	高	由第三方检测机构对生命支持系统进行检测验证。确保符合要求。检测时机至少包括：安装时投入使用前、系统关键部件更换维修后、年度的维护检测。在日常运行过程中，加强对生命支持系统各部件的巡检。发现问题及时检修	低			√
		自动切换阀故障	可能发生	影响重大	高		低			√
		储气罐无气或压力不足	可能发生	影响重大	高		低			√
31	正压防护服	气密性不符合要求	很可能发生	影响重大	高	由第三方检测机构对正压防护服进行检测验证。确保符合要求。检测时机至少包括：安装时投入使用前、更换过滤器或内部部件后、年度的维护检测。在日常运行过程中，加强对正压防护服各部件的检查。发现问题及时检修	低			√
		供气流量偏低	可能发生	影响重大	高		低			√
32	化学淋浴装置	装置气密性不符合标准要求	很可能发生	影响重大	高	由第三方检测机构对化学淋浴系统进行检测验证。确保符合要求。检测时机至少包括：安装时投入使用前、更换高效过滤器或内部部件后、年度的维护检测。在日常运行过程中，加强对化学淋浴系统各设备各部件的巡检。发现问题及时检修	低			√
		排风高效过滤器检漏不符合要求	可能发生	影响重大	高		低			√
		换气次数偏低	可能发生	影响重大	高		低			√
		自控系统失效	可能发生	影响重大	高		低			√
		自带生物密闭阀性能失效	可能发生	影响重大	高		低			√
		液位报警装置失效	可能发生	影响重大	高		低			√
		给水排水防回流措施失效	可能发生	影响重大	高		低			√
		消毒灭菌效果验证不合格	很可能发生	影响重大	高	实验室或加强对消毒灭菌效果验证，确保符合要求。验证时机同上	低			√

续表

序号	识别项	风险描述	风险可能性	风险后果	固有风险	设计或已有的控制措施	剩余风险	适用范围 二级	三级	四级
33	活毒废水处理系统	罐体泄压管道排气高效过滤器检漏不符合要求	可能发生	影响重大	高	由第三方检测机构对活毒废水处理系统进行检测验证，确保符合要求。安装时投入使用前，设备的主要部件更换维修后，年度的维护维修。在日常运行过程中，加强对活毒废水处理系统各设备部件的巡检，发现问题及时检修	低			√
		罐体、阀门、管道等泄漏	可能发生	影响重大	高		低			√
		压力表/压力传感器失真	可能发生	影响重大	高	每半年由当地计量院或其他仪器仪表校准机构进行检测校准，确保符合使用要求	低			√
		温度表/温度传感器失真	可能发生	影响重大	高		低			√
		消毒灭菌效果验证不合格	可能发生	影响重大	高	实验室或由第三方进行消毒效果验证，确保符合要求、验证时机同上	低			√
34	动物残体处理系统	罐体泄压管道排气高效过滤器检漏不符合要求	可能发生	影响重大	高	由第三方检测机构对动物残体处理系统进行检测验证，确保符合要求。安装时投入使用前，设备的主要部件更换维修后，年度的维护检测。在日常运行过程中，加强对动物残体处理系统各设备部件的巡检，发现问题及时检修	低			√
		罐体、阀门、管道等泄漏	可能发生	影响重大	高		低			√
		压力表/压力传感器失真	可能发生	影响重大	高	每半年由当地计量院或其他仪器仪表校准机构进行检测校准，确保符合使用要求	低			√
		温度表/温度传感器失真	可能发生	影响重大	高		低			√
		消毒灭菌效果验证不合格	可能发生	影响重大	高	实验室或由第三方进行消毒效果验证，确保符合要求、验证时机同上	低			√

注：加强型 P2 实验室参照 P3 实验室，大动物 P3 实验室参照 P4 实验室。

6.4 关键风险指标管理

一项风险事件的发生可能有多种成因，但关键成因往往只有几种。关键风险指标管理是对引起风险事件发生的关键成因指标进行管理的方法。

（1）分析风险成因，找出关键成因。

（2）将关键成因量化，分析确定导致风险事件发生时该成因的具体数值。

（3）以该具体数值为基础，以发出风险预警信息为目的，加上或减去一定数值后形成新的数值，该数值即为关键风险指标。

（4）建立风险预警系统，即当关键成因数值达到关键风险指标时，发出风险预警信息。

（5）制定出现风险预警信息时应采取的风险控制措施。

（6）跟踪监测关键成因数值的变化，一旦出现预警，实施风险控制措施。

6.4.1 房间静压差

静压差是生物安全实验室核心性能指标之一，生物安全实验室设施设备风险评估的一个很重要的考虑因素就是确保实验室在任何情况下不要出现绝对正压，另外不能出现长时间（超过1min）的失压（或超压）或相对压力逆转。

以下情况下实验室会出现绝对正压的风险：

（1）主排风机故障，备用排风机切换失败时；

（2）排风管道生物密闭阀（总管道或某核心工作间分支管道）失效关闭时；

（3）自控系统因断电、传感器故障、数据采集器故障、控制器故障等原因工作失效时；

（4）通风空调系统关闭，停止使用时或者室内消毒时；由于房间温升等因素，致使房间压力升高出现正压时。

以下情况下实验室会出现失压（或超压）或相对压力逆转的风险：

（1）主排风机故障，备用排风机切换过程中，自控系统压力跟踪调节不及时；

（2）送、排风管道生物密闭阀（总管道或某核心工作间分支管道）工作非正常时；

（3）自控系统因传感器故障、数据采集器故障、控制器故障等原因工作非正常时；

（4）相邻房间的门打开，不能及时关闭时；

（5）通风空调系统关闭，停止使用时或者室内消毒时，由于房间温升等因素，致使房间压力升高出现正压时。

基于上述风险因素，应对静压差进行关键风险指标管理，建立预警机制（如实际运行工况下，房间绝对压力超过设计压力±10Pa时、相对压力出现小于5Pa时等），一般情况下由自控系统完成。在实际运行过程中当静压差出现失压、超压、相对压力逆转或绝对正压时，应进行紧急报警（但应刨除正常开关门时静压差的波动），当紧急报警长时间不能去除时，实验室应启动相应的应急机制，如停止实验、进行后续污物打包处理、人员撤离实验室等。

6.4.2 总风管静压及风机两端静压差

很多生物安全实验室自控系统是通过监测总风管静压或风机两端静压差来监测风机运

行状态的，当总风管静压或风机两端静压差小于设定值一定范围时，认为主风机发生了故障，会自动切换到备用风机。

总风管静压的监测对维持室内一定换气次数有重要作用，随着生物安全实验室运行时间的增加，排风高效空气过滤器或送风高效空气过滤器阻力会增大，阻力增大后，风量会降低，但为了维持房间一定的换气次数，不能使风量降低，此时需要增加风机频率来提升风机压头，此时总风管静压会增加，即随着系统运行时间的增加（过滤器阻力会增大，送风（或排风）系统总阻力增大），需要逐渐增加总风管静压。则在自控系统调试阶段，需要摸索出在保持室内一定换气次数的前提下，总风管静压（反映的是系统阻力的增加）与风机变频器频率的关系，即这种正相关的关系，以便在实际运行过程中可以依据总风管静压的增加，增大风机频率。

综上所述，总风管静压及风机两端静压差是生物安全实验室自控系统经常要用到的重要数据，需要实时监测，在进行风机运行状态监视及风机变频器频率管理时，发挥重大作用。应对总风管静压及风机两端压差进行关键风险指标管理，建立预警机制（如实际运行工况下，总风管静压及风机两端压差超过（或低于）一定范围值时，需要采取相应控制措施，具体这个范围值需要自控调试方现场确定，不同项目会有差异），一般情况下由自控系统完成。在实际运行过程中当风机两端静压差低于某一范围值时，应进行紧急报警（运行风机故障报警），当紧急报警长时间不能去除时（即备用风机不能正常切换时），实验室应启动相应的应急机制，如停止实验、进行后续污物打包处理、人员撤离实验室等。

6.4.3　高效空气过滤器阻力

排风及送风高效空气过滤器阻力是生物安全实验室需要在线监测的另一个重要参数，随着生物安全实验室运行时间的增加，排风高效空气过滤器或送风高效空气过滤器阻力会增大，虽然可以通过增加风机频率的方式予以克服，但当过滤器阻力增大到一定值时（通常为高效过滤器初阻力的 2 倍，一般高效过滤器额定风量下的初阻力为 220Pa 左右，终阻力为 440Pa），可能导致系统风量不足，且能耗较高。但在实验室建设阶段的选型计算时，往往不是选定高效空气过滤器的额定风量，而是按额定风量的 50%～70%，此时初阻力为 110～150Pa，对应终阻力为 220～300Pa。

对高效空气过滤器阻力进行关键风险指标管理，建立预警机制，如实际运行工况下，过滤器终阻力超过一定范围值时，应进行报警，提醒实验室及时更换高效空气过滤器，则在更换前应对高效空气过滤器进行消毒灭菌处理，尤其是排风高效空气过滤器，四级生物安全实验室的送、排风高效空气过滤器。

6.5　小结

本章从设施设备性能及参数、关键防护设备性能等方面对生物安全实验室设施设备运行阶段的风险再评估进行了研究，给出了风险源清单（主要风险源，并不代表全部），对各风险因素进行了风险分析与风险评价，结合风险控制示例对剩余风险进行了评价。

一项风险事件的发生可能有多种成因，但关键因素往往只有几种，本章以房间静压差、总风管静压及风机两端压差、高效空气过滤器阻力三项关键风险因素，举例说明了风险再评估阶段关键风险指标管理方法。生物安全实验室设施设备运行阶段的风险再评估需要考虑的关键风险因素可能还有其他，这里旨在抛砖引玉，根据实验室各自的特点，制定并不断完善"关键风险因素清单"并制定关键风险指标管理方法，是十分有助于风险评估的做法。识别风险的角度可不同，但随着实验室风险管理体系运行经验的积累，关键风险因素清单应越来越接近实际情况、越来越实用。

本章参考文献

[1] 中国建筑科学研究院. 生物安全实验室建筑技术规范. GB 50346—2011 [S]. 北京：中国建筑工业出版社，2012.

[2] 中国合格评定国家认可中心. 实验室生物安全通用要求. GB 19489—2008 [S]. 北京：中国标准出版社，2008.

[3] 中国国家认证认可监管管理委员会. 实验室设备生物安全性能评价技术规范. RB/T 199—2015 [S]. 北京：中国标准出版社，2016.

[4] 马立东. 生物安全实验室类建筑的规划与建筑设计 [J]. 建筑科学，2005，21（增刊）：24-33.

[5] 吕京，王荣，曹国庆. 四级生物安全实验室防护区范围及气密性要求 [J]. 暖通空调，2018，48（3）：15-20.

[6] 曹国庆，王荣，翟培军. 高等级生物安全实验室围护结构气密性测试的几点思考 [J]. 暖通空调，2016，46（12）：74-79.

[7] 曹国庆，张益昭，董林. BSL-3实验室空调系统风机配置运行模式探讨 [J]. 环境与健康杂志，2009，26（6）：547-549.

[8] 曹国庆，王荣，李屹 等. 高等级生物安全实验室压力波动原因及控制策略 [J]. 暖通空调，2018，48（1）：7-12.

[9] 曹国庆，李晓斌，党宇. 高等级生物安全实验室空间消毒模式风险评估分析 [J]. 暖通空调，2017，47（3）：51-56.

[10] 张益昭，于玺华，曹国庆 等. 生物安全实验室气流组织形式的实验研究 [J]. 暖通空调2006，36（11）：1-7.

[11] 曹国庆，张益昭，许钟麟 等. 生物安全实验室气流组织效果的数值模拟研究 [J]. 暖通空调，2006，36（12）：1-4.

[12] 曹国庆，刘华，梁磊 等. 由生物安全实验室检测引发的有关设计问题的几点思考 [J]. 暖通空调，2007，37（10）：52-57.

[13] 张昷东，曹国庆. 高等级生物安全实验室UPS设计及风险分析 [J]. 建筑电气，2018，37（1）：15-19.

[14] 王清勤，赵力，曹国庆等. GB 50346生物安全实验室建筑技术规范修订要点 [J]. 洁净与空调技术，2012，2：44-48.

[15] 李屹，曹国庆，代青. 高等级生物安全实验室压力衰减法气密性测试影响因素 [J]. 暖通空调，2018，48（1）：28-31.

[16] 李屹，曹国庆，王荣 等. 生物安全柜运行现状调研 [J]. 暖通空调，2018，48（1）：32-37.

[17] 曹冠朋，曹国庆，陈咏 等. 生物安全隔离笼具产品和标准概况及现场检测结果 [J]. 暖通空调，2018，48（1）：38-43.

[18] 张惠，郝萍，曹国庆 等. 非气密式动物隔离设备运行现状调研分析 [J]. 暖通空调，2018，48（1）：45-47.

[19] 曹国庆，许钟麟，张益昭 等. 洁净室气密性检测方法研究——国标《洁净室施工及验收规范》编制组研讨系列课题之八 [J]. 暖通空调，2008，38（11）：1-6.

[20] 曹国庆，许钟麟，张益昭 等. 洁净室高效空气过滤器现场检漏方法的实验研究——国标《洁净室施工及验收规范》编制组研讨系列课题之七 [J]. 暖通空调，2008，38（10）：4-8.

[21] 曹国庆，崔磊，姚丹. 生物安全实验室综合性能评定若干问题的探讨：系统安全性与可靠性验证 [C]. 全国暖通空调制冷2010年学术年会论文集，2010.

[22] Peter Mani 著. 兽医生物安全设施——设计与建造手册 [M]. 徐明 等译. 北京：中国农业出版社，2006.

第7章 生物安全实验室设施设备风险评估案例

7.1 概述

本书第 5、6 章分别对生物安全实验室设施设备建设阶段初始风险评估、运行维护阶段风险再评估进行了阐述，涉及的风险因素数量较多（其中表 5-12 是生物安全实验室设施设备建设阶段初始风险评估示例，表 6-4 是生物安全实验室设施设备运行维护阶段风险再评估示例），该风险源清单可供实验室人员编写风险评估报告时参考，给出的是主要风险源，并不代表全部。另外，这个风险源是和病原微生物实验室设施设备生物安全风险相关的风险，不包括电气、化学、物理、自然灾害、火灾等风险因素。

本书给出的设施设备风险源清单，旨在抛砖引玉，未知风险永远存在，不可能把影响系统故障的所有风险因素全部列出，由于每个分析人员的工作范围与专业知识各有不同，其所得结论的可信性也有所不同，或者说不可能保障生物安全实验室病原微生物的泄漏风险永不发生，当然消除所有的风险也是不现实的。

实验室应根据各自的特点，制定并不断完善"风险源清单"，这是十分有助于风险识别的做法。识别风险的角度可不同，但随着实验室风险管理体系运行经验的积累，风险清单应越来越接近实际情况、越来越实用。

本章将结合具体工程案例，根据第 5、6 章给出的生物安全实验室设施设备风险评估示例，尝试对工程案例进行设施设备风险评估，供读者参考。

7.2 某三级生物安全实验室设施设备风险评估案例

7.2.1 实验室设施设备概述

7.2.1.1 工程概况

本工程为某三级生物安全实验室项目，建筑面积 $180m^2$，建筑使用性质为科研实验楼，结构设计使用年限为 50 年，建筑耐火等级为一级，建筑防水等级为二级。本工程包括 BSL-3/ABSL-3 实验区、洗消间、中控室、空调机房等房间。

BSL-3/ABSL-3 实验区包括男一更、女一更、男淋浴、女淋浴、二更、内走廊、缓冲间 1、BSL-3 核心工作间、缓冲间 2、ABSL-3 核心工作间。BSL-3 核心工作间内设置 1 台 Ⅱ-A2 生物安全柜，ABSL-3 核心工作间内设置 Ⅱ-A2 生物安全柜、独立通风笼具、大小鼠隔离器各 1 台，BSL-3 核心工作间与 ABSL-3 核心工作间之间设置传递窗，内走廊与洗消间之间设置双扉高压蒸汽灭菌器、传递窗各 1 套。实验室区域洁净度要求为 ISO 8 级，BSL-3、ABSL-3 与大气相对压差分别为 $-60Pa$ 和 $-65Pa$，换气次数为 $15\sim25h^{-1}$。该工程实验区采用 50mm 厚铝蜂窝玻镁彩钢板墙体，其平面图如图 7-1 所示。

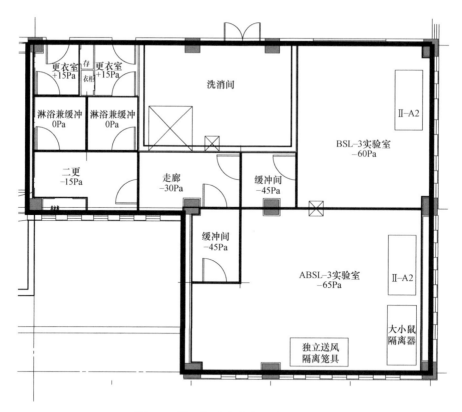

图 7-1 某三级生物安全实验室平面图

7.2.1.2 关键风险因素管理

1. 污物的处理及消毒灭菌

根据本工程的具体情况，在满足实验室基本使用要求的条件下，选择在内走廊与洗消间之间设置双扉高压蒸汽灭菌器，并严格遵守标准的操作规程（SOP）。

2. 气流组织

BSL-3、ABSL-3 核心工作间及辅助用房气流组织均为上送上排方式，实验室防护区房间内送风口和排风口的布置符合定向气流的原则，利于减少房间的涡流和气流死角；送排风不影响生物安全柜的正常功能，可以确保在实验室运行时气流由低风险区向高风险区流动，同时确保实验室空气只能通过 HEPA 过滤器过滤后经专用排风管道排出。

3. 高效过滤器设置

实验室选用了带扫描检漏的高效排风口，安装在吊顶上，可以实现在线扫描检漏。未采用管道式高效过滤箱，或者袋进袋出式设备（Bag In Bag Out，BIBO）。

4. 风阀设置

在所有送、排风支管处均设置了生物型密闭阀，并在送、排风总管同样设置了生物型密闭阀。考虑到生物安全风险，即维持核心实验室绝对负压，在核心实验室送排风支管处均安装了定风量阀，保证防护区形成定向气流，防止有害气溶胶外溢。

5. 通风空调净化

设置全新风净化空调系统，送、排风机的风机均为变频风机，一用一备。通风净化空调系统送风采用四级过滤，即粗效、中效、中高效过滤器设在空调机组内，高效过滤器设在服务房间附近。

房间排风为一级高效过滤（带扫描检漏），过滤级别为 H13；为保护排风系统不被逆向污染，排风机组出风段配止回阀，运行方式参见图 7-2。屋面排风管安装锥形风帽，风帽设防虫网。新风口配置新风静压箱，保证进风气流均匀稳定，进风口配防雨百叶风口，进风风速小于 4.5m/s。

6. 电气自控

实验室配电方案为：系统采用双路市电供电，配有 UPS 不间断电源，不间断电源可满足生物安全柜、自控系统、照明、送风机、排风机、监视系统等不少于 30min 供电。

本系统运行工况为定送、变排系统。送风管道设置定风量阀，排风管道设置变风量阀，保证该区域送风量恒定不变。送、排风机均设变频器，调试时根据风管压力进行风量调节，即根据系统送、排风总管上的压力传感器进行调整，以满足系统排风量要求。排风机与送风机联锁，风机均一用一备，交替运行，避免单台排风机长期运行。启停顺序为先开排风机，后开送风机，关机顺序相反。房间内设置温度、湿度、压力传感器，信号引至监控室并有显示。所有过滤器均设有超压报警装置，新风进风口及排风口均设置电动密闭阀，监测空调机组送、排风的空气温、湿度及压力参数，监测所有生物安全系统的空调送排风设备运行状态。

空间消毒时，关闭系统新风电动密闭阀及排风电动密闭阀。将消毒区域所有外门封死，在房间内用过氧化氢熏蒸消毒，系统消毒完成后，开启新、排风电动密闭阀门及排风机组，排风机低频（调试获得）运转，形成直流系统进行置换和稀释。

7.2.2　风险评估的目的

生物安全实验室设施设备风险评估体现在实验室建设、运行维护两个阶段。在生物安全实验室建设阶段的初始风险评估主要用于帮助建设者合理确定实验室的规模、工艺平面、建筑结构、装饰装修、通风空调净化、给水排水与气体供给、电气自控、消防等专业设计，合理选用关键防护设备，确保建成后的生物安全实验室设施设备性能和参数符合法律法规、标准规范以及主管部门要求。

但建设阶段的全面风险评估，其结果可能针对性不够强或不够详细，与实际使用有差距，所以在正式投入使用前还需要进行风险再评估。另外，当实验室活动（包括相关的设施、设备、人员、活动范围、管理等）或风险特征发生变化时应进行风险再评估，在实验活动进行中还应定期开展风险评估，或对风险评估报告定期复审。

我国对生物安全实验室尤其是高等级生物安全实验室实施认证认可制度，初始评审如本书图 5-2 高级别生物安全实验室建设、认可流程图中的 CNAS 认可阶段，在该阶段需要重点对生物安全实验室建设阶段的初始风险评估进行审核、检查，同时需要对运行维护阶段的风险再评估进行审核、检查。随后，CNAS 对生物安全实验室实施定期监督评审制度，获准认可的二级、三级生物安全实验室应在认可批准后的第 12 个月前、第 30 个月前、第 48 个月前接受定期监督评审，四级实验室监督评审应每 12 个月一次。在监督评审及 5 年的复评审阶段，重点关注的是生物安全实验室运行维护阶段的风险再评估。

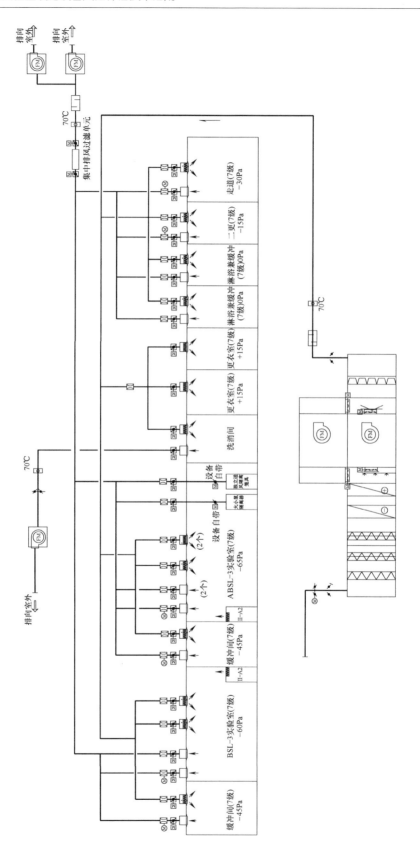

图 7-2 通风空调系统原理图

138

本书旨在为生物安全实验室设施设备风险评估提供参考，故此处同时给出生物安全实验室建设阶段的初始风险评估和运行维护阶段的风险再评估，以期抛砖引玉。

7.2.3　风险评估方法

本书第 3 章对适用于生物安全实验室设施设备的风险评估方法进行了阐述，此处采用其分析成果，采用头脑风暴法及结构化访谈、德尔菲法、情景分析、检查表法、故障树分析法、事件树分析法，用于该实验室设施设备的风险评估。

高等级生物安全实验室风险评估需要考虑的风险因素相对较多，需要上述几种风险评估技术组合使用进行风险识别、风险分析、风险评价，再根据风险评价的结果进行风险控制。

具体做法是：实验室设施设备通过故障树或事件树分析识别出风险因素，针对这些风险因素再通过头脑风暴法及结构化访谈、德尔菲法进行专家团队的确认，编制风险因素检查表，以便后续风险评估使用。

7.2.4　风险评估实施

7.2.4.1　建设阶段初始风险评估

结合本书第 5.3 节，对本项目三级生物安全实验室设施设备进行初始风险评估。本项目工程选址已经过国家发展改革委员会、科技部、生态环境部等相关政府批复，表 5-12 中的工程选址一栏本部分风险评估中不再予以体现，另外对不适用或不涉及的条目进行了直接删除，详见表 7-1 所示。

7.2.4.2　运行维护阶段风险再评估

结合第 6.3 节，对本项目三级生物安全实验室设施设备进行运行维护阶段的风险再评估，对不适用或不涉及的条目进行了直接删除，如表 7-2 所示。

7.2.5　风险评估结论

通过对该实验室设施设备的初始风险评估（见表 7-1）和风险再评估（见表 7-2），可以看出实验室在采取一定的控制措施（这些控制措施在实验室质量管理体系文件、操作规程中均有规定）后，实验室在设施设备方面的剩余风险均为低风险，可以接受。

需要说明的是，生物安全实验室设施设备的风险评估不是孑然孤立的，需要结合生物因子风险、实验活动风险、个体防护风险、自然灾害风险、火灾风险等几大类型的风险综合分析，由于涉及微生物学、公共微生物学、建筑学、流体力学、消防等诸多领域，是个典型的跨学科问题，需要组织不同学科专家对上述几大类型风险进行风险识别、风险分析、风险评价，需要群策群力。

此处给出的生物安全实验室设施设备风险评估因素列表，并不代表识别出了所有设施设备的风险因素，设施设备风险评估过程是对实验室系统深入认识的过程，随着设计建设、运行管理、维护保养等方面经验的积累，在弄清各种潜在因素对故障发生影响的途径和程度后，需进一步修改和完善设施设备风险评估因素列表，以便及时发现并解决问题，提高系统可靠性。

表 7-1

某三级生物安全实验室设施设备建设阶段初始风险评估示例

章	序号	识别项	风险描述	风险可能性	风险后果	固有风险	设计或已有的控制措施	剩余风险
工程选址	1	主管部门立项批复	发展改革主管部门立项：未在发展改革主管部门立项	很可能发生	影响较大	高	已在发展改革主管部门立项	低
	2		科技主管部门审查：未得到科技主管部门审查同意	很可能发生	影响较大	高	已通过科技主管部门审查	低
	3		环保部门批复：不符合环保主管部门的规定和要求	很可能发生	影响较大	高	已获环保主管部门审查	低
	4		建设主管部门批复：不符合建设主管部门门的要求（城乡规划主管部门、建设委员会等）	很可能发生	影响较大	高	已获建设主管部门批复	低
	5	市政	园区市政管网（供电、供水、能源等）不能满足实验室的使用要求	可能发生	影响较大	中	市政管网满足使用要求，另外增设了锅炉房、柴油发电机等	低
	6	园区规划	功能分区不合理，没有科学布置各类建筑	可能发生	影响较大	中	由专业设计院设计，设计方案经过生物安全实验室领域专家论证，分区合理、流线合理	低
	7		人流和物流不合理，洁污物流线不清楚	可能发生	影响较大	中		低
	8		未考虑科学合理节约用地（在满足基本功能需要的同时，适当考虑未来的发展，应预留发展或改扩建的用地）	可能发生	影响一般	中	未来发展需求	低
建筑、结构与装修	9	建筑	不满足排风间距要求：防护区室外排风口与周围建筑的水平距离小于20m	很可能发生	影响较大	高	防护区室外排风口与周围建筑的水平距离大于20m	低
	10		未在人口处设置男女更衣室	可能发生	影响一般	中	实验室入口处设置了男女更衣室	低
	11		实验室区域人流和物流、洁物、污物流不合理	很可能发生	影响较大	高	实验物品通过一更、淋浴、二更进入核心工作间，洁物通过传递窗、污物先通过立式高压传递窗消毒灭菌锅后，再经传递窗由核心工作间传入人流通道后，再通过立式高压蒸汽灭菌器灭菌后离开实验室	低
	12		未明确区分防护区和辅助工作区	很可能发生	影响较大	高	按 GB 50346—2011 第 4.1.4 条的要求，明确区分了防护区和辅助工作区。防护区包括核心工作间、缓冲间、内走廊，二更、淋浴、辅助工作区包括一更、洗消间、中控室	低

续表

章	序号	识别项	风险描述	风险可能性	风险后果	固有风险	设计或已有的控制措施	剩余风险
建筑、结构与装修	13	建筑	防护区的房间设置不满足工艺要求	可能发生	影响重大	高	符合实验室实际发展未来需求	低
	14		辅助区的房间设置不满足工艺要求	可能发生	影响较大	中	同上	低
	15		辅助工作区与室外之间未设一间正压缓冲室	可能发生	影响一般	中	辅助工作区最外面一间更衣室为正压房间,设计压力为+15Pa	低
	16		走廊净宽小于1.5m	可能发生	影响较大	中	走廊净宽为1.5m	低
	17		室内净高低于2.6m或设备层净高低于2.2m	可能发生	影响较大	中	室内净高为2.6m,设备层净高2.4m	低
	18		防护区未设置安全通道和紧急出口或没有明显的标志	可能发生	影响重大	高	设置了安全通道和紧急出口,紧急出口处设置了推压式逃生门,平时关闭	低
	19		相邻区域和相邻房间之间未根据需要设置传递窗;传递窗两门未互锁或未设有消毒灭菌装置;其结构承压力及严密性不符合所在区域的要求;传递不能灭活的样本出防护区时,未采用具有熏蒸消毒功能的传递窗或传递箱	可能发生	影响重大	高	内走廊与洗消间之间,BSL-3与ABSL-3之间均设有互锁的传递窗,传递窗严密性符合所在区域的要求	低
	20		防护区未设置生物安全型双扉高压灭菌器	可能发生	影响重大	高	防护区设置了生物安全型双扉高压灭菌器(内走廊与洗消间之间)	低
	21		生物安全型双扉高压灭菌器未考虑主体一侧的维修空间	可能发生	影响较大	中	高压蒸汽灭菌器主体设置在洗消间,主体结构左右各预留600mm以上的维修空间	低
	22		生物安全柜、IVC、动物隔离器未布置于排风口附近或远离房间门	很可能发生	影响重大	高	设备布置在门的对侧,设备排风口正上方紧邻房间排风口	低
	23	装修	未采用无缝的防滑耐腐蚀地面;踢脚未与墙面齐平或缩进大于2~3mm;地面与墙面相交位置及其他围护结构的相交位置,未做半径不小于30mm的圆弧处理	可能发生	影响一般	中	采用PVC地面,踢脚线与墙面齐平,阴角做R30圆弧处理	低

续表

章	序号	识别项	风险描述	风险可能性	风险后果	固有风险	设计或已有的控制措施	剩余风险
建筑、结构与装修	24	装修	围护结构表面的所有缝隙未采取可靠的措施密封	可能发生	影响重大	高	围护结构为彩钢板，拼接缝处采用密封胶处理，符合发烟法严密性测试要求	低
	25		墙面、顶棚的材料不易于清洁消毒，不耐腐蚀，起尘、开裂，不光滑防水，表面涂层不具有抗静电性能	可能发生	影响较大	中	墙面、顶棚均采用彩钢板，便于清洁、消毒等	低
	26		生物安全柜、IVC、动物隔离器背面、侧面与墙的距离小于300mm，顶部与吊顶的距离小于300mm	很可能发生	影响一般	中	设备安装位置与墙壁、吊顶及设备的距离，满足维修距离要求	低
	27		传递窗、双屏高压灭菌器等设施与实验室围护结构连接时，未保证结构体的严密性	很可能发生	影响较大	高	严密性符合现行国家标准 GB 50346 及 GB 19489 要求	低
	28		传递窗、双屏高压灭菌器等设备与轻质体墙连接时，未在连接部位采取加固措施	可能发生	影响较大	中	设备与轻质墙连接时，在连接部位采取了加固措施	低
	29	装修	防护区内的传递窗体或闸门药液传功能未整体焊接成型	很可能发生	影响较大	高	采用整体焊接成型的成套设备	低
	30		具有熏蒸消毒功能的传递窗和药液箱的内表面使用有机材料	可能发生	影响较大	中	内表面为不锈钢材质	低
	31		实验台面不光滑，透水、不耐腐蚀，不耐热和水不易于清洗	可能发生	影响一般	中	实验台面为不锈钢材质，光滑、耐腐蚀，易清洗	低
	32		防护区配备的实验台未采用整体台面	可能发生	影响一般	中	实验台采用了整体台面	低
	33		实验台、架、设备的边角未以圆弧过渡，有突出的尖角，锐边，沟槽	很可能发生	影响较大	高	边角均进行了圆弧过渡处理，没有突出的尖角、锐边、沟槽等	低
	34		防护区设外窗或观察窗未采用安全的材料制作	可能发生	影响重大	高	防护区围护结构为彩钢板，在彩钢板上设置了密闭式的双层玻璃离观察窗	低
	35		没有防止节肢动物和啮齿动物进入和外逃的措施	很可能发生	影响较大	高	设置了400mm高的挡鼠板	低
	36		门净宽小于900mm	可能发生	影响较大	中	门净宽大于900mm	低

续表

章	序号	识别项	风险描述	风险可能性	风险后果	固有风险	设计或已有的控制措施	剩余风险
建筑、结构与装修	37	装修	防护区内门开启方向朝空气压力较低房间开启，即向内开启，不能自动关闭	可能发生	影响较大	中	防护区门向外开启，设有闭门器，可自动关闭	低
	38		防护区缓冲室的门未设互锁装置	可能发生	影响重大	高	缓冲间门设置了互锁装置，且验证有效	低
	39		防护区房间门上未设观察窗	很可能发生	影响较大	高	设有观察窗	低
	40		防护区内的顶棚上未设置检修口	可能发生	影响重大	高	防护区顶棚上未设检修口，在辅助工作区外面的走廊上设有检修口	低
	41		有压差要求的房间未在合适位置设置的测压孔，测压孔平时没有密封措施	很可能发生	影响一般	中	设置了测压孔，测压孔连接至压力表（设置在房间入口门旁，显示相邻房间的相对压差）	低
	42		实验室的入口，未明确标示出生物防护级别、操作的致病性生物因子等标识	可能发生	影响重大	高	标识系统清晰，且符合 GB 19489—2008 的要求	低
	43	结构	结构安全等级低于一级	可能发生	影响较大	中	在既有建筑物的基础上改建而成的，原建筑结构安全等级为二级，但对实验室局部结构进行了结构加固	低
	44		抗震设防类别未按特殊设防类	可能发生	影响较大	中	既有建筑物改建为三级生物安全实验室，进行了局部抗震加固	低
	45		地基基础未按甲级设计	可能发生	影响较大	中	既有建筑物改建为三级生物安全实验室，根据地基基础核算结果及实际需要加固处理	低
	46		主体结构未采用混凝土结构或砌体结构体系	可能发生	影响重大	高	主体结构为混凝土结构	低
	47		吊顶作为技术维修夹层时，其吊顶的活荷载小于 0.75kN/m²	可能发生	影响重大	高	吊顶作为技术维修夹层，吊顶的活荷载大于 0.75kN/m²	低
	48		对于吊顶内特别重要的设备未作单独的维修通道	可能发生	影响较大	中	设有检修马道	低
通风空调净化	49	系统形式	空调净化系统的划分不利于实验室消毒灭菌、自动控制系统的设置和节能运行	可能发生	影响较大	中	实验室共设置 1 套独立的净化空调系统，负责 2 个核心工作间及其相邻缓冲间、内走廊、淋浴间，一置，一更	低

续表

章	序号	识别项	风险描述	风险可能性	风险后果	固有风险	设计或已有的控制措施	剩余风险
通风空调净化	50	系统形式	送、排风系统的设计未考虑所用生物安全柜、动物隔离设备等的使用条件	可能发生	影响重大	高	动物隔离设备、IVC排风接至房间大系统排风	低
	51		选用生物安全柜不符合要求	可能发生	影响重大	高	生物安全柜采用A2型，符合使用要求	低
	52		未采用全新风系统	可能发生	影响重大	高	采用全新风系统	低
	53		主实验室的送、排风支管或排风机前未安装耐腐蚀的密闭阀或隔离阀门严密性与所在管道严密性要求不相适应	可能发生	影响重大	高	关键节点处均设置了生物密闭阀，满足同和系统消毒的要求	低
	54		防护区内安装普通的风机盘管机组或房间空调器	可能发生	影响重大	高	未安装	低
	55		防护区远离空调机房	很可能发生	影响一般	中	空调机房位于防护区正上方的设备层内	低
	56	送风系统	空气净化系统送风过滤器的设置不符合粗、中、高三级空气过滤器的要求	可能发生	影响较大	中	设置了三级过滤器	低
	57		新风口未采取有效的防雨措施，未安装保护网，不符合"高于室外地面2.5m以上，同时应尽可能远离污染源"的要求	可能发生	影响较大	中	新风口采用了防雨措施，安装了保护网，高于室外屋面2.5m，与排风口距离30m以上	低
	58		BSL-3实验室未设置备用送风机	可能发生	影响较大	中	设置了备用送风机，一用一备	低
	59	排风系统	防护区排风未与送风联锁（排风先于送风开启，后于送风关闭）	可能发生	影响重大	高	送风联锁，排风先于送风开启，后于送风关闭	低
	60		主实验室未设置其他负压隔离装置的排风出口	可能发生	影响重大	高	利用生物安全柜作为房间的负压隔离装置，在生物安全柜内使用该设备	低
	61		b1类实验室中可能产生污染物气溶胶外泄的设备未设置高效空气过滤器的局部负压排风装置，或负压排风装置不具有原位检漏功能	可能发生	影响重大	高	室内不含有可能产生污染物外泄的设备，将来可能涉及的话，在生物安全柜内使用该设备	低

续表

章	序号	识别项	风险描述	风险可能生	风险后果	固有风险	设计或已有的控制措施	剩余风险
通风空调净化	62		防护区生物安全柜与排风系统的连接方式不符合现行国家标准 GB 50346 的要求。具体为：A2 型生物安全柜未接外接排风（硬连接或软连接）或柜子排风口未紧邻房间排风口；B2 或Ⅲ级生物安全柜未接排风（硬连接）	可能发生	影响重大	高	实验室采用 A2 型生物安全柜，其排风与室内排风口紧邻	低
	63	排风系统	防护区动物隔离设备与排风系统的连接未采用密闭连接或设置局部排风罩	可能发生	影响重大	高	IVC、动物隔离器与排风系统采用风管连接	低
	64		排风未经过高效过滤器过滤后排放	可能发生	影响特别重大	极高	排风经过风口式排风高效过滤器装置过滤后排放	低
	65		排风高效过滤器未设在室内排风口处或紧邻排风口的位置；排风高效过滤器装置结构不易于对过滤器进行安全更换和检漏	可能发生	影响重大	高	排风经过风口式排风高效过滤器装置过滤后排放	低
	66		防护区不能对排风高效空气过滤器进行原位消毒和检漏	可能发生	影响特别重大	极高	采用专用风口（或管道式）排风高效过滤器装置，可以进行原位消毒和检漏	低
	67		排风密闭阀未设置在排风高效过滤器和排风机之间；排风机外侧的排风管上室外排风口处未安装保护网和防雨罩	可能发生	影响重大	高	排风高效过滤器和排风机之间安装了生物密闭阀。排风口上安装了保护网和防雨罩，进行高空排放	低
	68		防护区排风管道的正压段穿越房间或排风机未设于室外排风口附近	可能发生	影响重大	高	排风机设置于室外排风口附近，正压段只屋顶排风，不穿越任何房间	低
	69		防护区未设置备用排风机或备用排风机不能自动切换或切换过程中不能保持有序的压力梯度和定向流	可能发生	影响特别重大	极高	设置了备用排风机，一用一备，切换过程正常，未出现绝对压力逆转	低
	70		排风口未设置在主导风的下风向	很可能发生	影响较大	高	排风口设置在主导风的下风向	低

续表

章	序号	识别项	风险描述	风险可能性	风险后果	固有风险	设计或已有的整改措施	剩余风险
通风空调净化	71	排风系统	排风口与新风口的直线距离不大于12m；排风口不高于所在建筑物屋面2m以上	很可能发生	影响较大	高	排风口与新风口的直线距离大于30m；排风口高于所在建筑物屋面2.5m	低
	72		实验室内各种设备的位置不利于气流由被污染的空间向高污染风险的空间流动，不利于最大限度减少室内涡流与回流	可能发生	影响重大	高	室内气流组织有利于气流从被污染风险低的空间向被污染风险高的空间流动，室内回流与涡流区面积较小	低
	73	气流组织	送风口和排风口布置不利于室内可能被污染空气的排出	可能发生	影响较大	中	同上	低
	74		在生物安全柜操作面或其他有气溶胶产生地点的上方附近设送风口	很可能发生	影响较大	高	生物安全柜紧邻排风口，附近无送风口	低
	75		气流组织上送下排时，高效过滤器排风口下边沿离地面低于0.1m或高于0.15m或上边沿高度超过地面之上0.6m；排风口排风速度大于1m/s	可能发生	影响较大	中	气流组织上送上排	低
	76	部件、材料及安装	送、排风高效过滤器使用木制框架	可能发生	影响重大	高	送、排风高效过滤器采用铝合金框架	低
	77		高效过滤器不耐消毒气体的侵蚀，防护区内淋浴间、化学淋浴间的高效过滤器不防潮；高效空气过滤器的效率低于现行国家标准《高效空气过滤器》GB/T 13554中的B类	可能发生	影响重大	高	高效过滤器符合耐腐蚀要求，淋浴间的高效过滤器防潮	低
	78		需要消毒的通风管道未采用耐腐蚀、耐老化、不吸水、易消毒的材料制作，未整体焊接	可能发生	影响重大	高	通风管道采用不锈钢板加工制作，需要消毒管道（生物密闭阀与房间之间的管道）采用整体焊接而成	低
	79		空调净化系统利用排风机所用风机未选用风压变化较大时风量变化较小的类型	可能发生	影响较大	中	风机选型符合使用要求	低

续表

章	序号	识别项	风险描述	风险可能性	风险后果	固有风险	设计或已有控制措施	剩余风险
通风空调净化	80	部件、材料及安装	空调设备的选用不满足《生物安全实验室建筑技术规范》GB 50346—2011 第5.5.4条的要求（即采用了淋水式空气处理机组，当采用表面气流速度大于2.0m/s；各级空气过滤器前后未安装压差计，或测量接管不通畅；安装不严密；未选用干蒸汽加湿器；加湿设备与过滤段之间保持足够的距离（值时，在空调机组内保持1000Pa的静压（值时；箱体漏风率大于2%）	可能发生	影响较大	中	空调设备选用符合GB 50346—2011 第5.5.4条的要求	低
	81	一般规定	排风高效过滤装置不符合国家现行有关标准的规定。排风高效过滤装置未设在室内侧设有保护高效过滤器的措施	可能发生	影响重大	高	排风高效过滤器装置的选用和安装符合《生物安全实验室建筑技术规范》GB 50346—2011《洁净室施工及验收规范》GB 50591—2010的要求	低
	82		给水排水干管、气体管道的干管，未敷设在技术夹层内；防护区内与本区域无关管道穿越防护区	可能发生	影响重大	高	给水排水、气体干管敷设在技术夹层内，防护区内无管道穿越	低
	83	一般规定	防护区给水排水管道穿越生物安全实验室围护结构处未设可靠的密封装置或密封装置的严密性不能满足所在区域的严密性要求	很可能发生	影响较大	高	给水排水、气体干管敷设在技术夹层内，防护区内无管道穿越	低
给水排水与气体供给	84	给水	使用的高压气体或可燃气体，没有相应的安全措施	可能发生	影响重大	高	使用的高压气体为压缩空气，设有相应的安全措施，如低压报警、高压泄压等	低
	85		防护区给水管道未采取设置倒流防止器或其他有效防止回流污染的装置；这些装置未设置在辅助工作区	可能发生	影响重大	高	设置了倒流防止器，设置在辅助工作区	低
	86		ABSL-3和四级生物安全实验室设置未设置断流水箱	可能发生	影响重大	高	设置了断流水箱	低

续表

章	序号	识别项	风险描述	风险可能性	风险后果	固有风险	设计或已有的控制措施	剩余风险
给水排水与气体供给	87	给水	防护区的给水管路未至主实验室为单元设置检修阀门和止回阀	可能发生	影响较大	中	以主实验室为单元设置了检修阀门和止回阀	低
	88		实验室未设洗手装置或洗手装置未设置在靠近实验室的出口处	可能发生	影响较大	中	在实验室出口处设有洗手装置	低
	89		洗手装置未设在主实验室出口处对于用水的洗手装置的供水未采用非手动开关	可能发生	影响较大	中	在实验室出口处设有洗手装置，采用感应式开关	低
	90		未设紧急冲眼装置	可能发生	影响重大	高	在实验室出口处设置有便携式紧急冲眼装置	低
	91		室内给水管材未采用不锈钢管、铜管或无毒塑料管等材料或管道未采用可靠的方式连接	可能发生	影响较大	中	采用不锈钢管	低
	92	排水	防护区未根据压差要求设置存水弯和地漏的水封深度；构造内无存水弯的卫生器具与排水管道连接时，未在排水口以下设存水弯；排水管道水封处无能保证充满水或消毒液	可能发生	影响重大	高	设置了存水弯，存水弯深度不小于200mm	低
	93		防护区的排水未进行消毒灭菌处理	可能发生	影响重大	高	防护区的排水流至生活消毒灭菌后排放	低
	94		主实验室未设独立的排水支管或未在管上安装阀门	可能发生	影响较大	中	设置了独立的排水支管	低
	95		活毒废水处理设备未设在最低处	可能发生	影响较大	中	设置在地下室，位于系统最低处	低
	96		防护区活毒废水的灭菌装置未采用高温灭菌方式；未在适当位置预留采样口和采样空间	可能发生	影响重大	高	采用高温灭菌方式，预留了采样口和采样操作空间	低
	97		防护区排水系统上的通气管口未单独设置或接入空调通风系统的排风管道	可能发生	影响重大	高	通气管单独设置	低

续表

章	序号	识别项	风险描述	风险可能性	风险后果	固有风险	设计或已有的控制措施	剩余风险
给水排水与气体供给	98	排水	通气管口未设高效过滤器或其他可靠的消毒装置	可能发生	影响重大	高	通气管上设置两道高效过滤器	低
	99		辅助工作区的排水，未进行监测，未采取适当处理装置	可能发生	影响较大	中	辅助工作区排水接至全园区废水处理站	低
	100		防护区内排水管线未明设，未与墙壁保持一定距离	可能发生	影响较大	中	防护区内无管道穿越	低
	101		防护区排水管道未采用不锈钢或其他合适的管材、管件；排水管、管件不满足强度、温度、耐腐蚀等性能要求	可能发生	影响重大	高	采用不锈钢管	低
	102	气体供应	气瓶未设在辅助工作区；未对供气系统进行监测	可能发生	影响较大	中	气瓶设置在辅助工作区，对供气系统供气压力进行监测	低
	103		所有供气管穿越防护区处未安装防回流装置，未根据工艺要求设置过滤器	可能发生	影响重大	高	安装了防回流装置，设置了过滤器	低
电气自控	104	配电	用电负荷等低于二级	可能发生	影响较大	中	用电负荷等级为二级	低
	105		BSL-3 实验室和 ABSL-3 中的 a 类和 b1 类实验室未按一级负荷供电时，未用一个独立供电电源时；特别重要负荷应设置应急电源；应急电源采用不间断电源的供电时间小于30min，不间断电源采用不间断电源发电机的方式供电时，应急电源不能确保自备发电设备启动前的供电保障能力的供应	很有可能发生	影响特别重大	极高	一级负荷供电，同时配备了 UPS，满足重要设备不少于30min供电	低
	106		未设有专用配电箱	可能发生	影响一般	中	设有专用配电箱	低
	107		专用配电箱未设在该实验室的防护区内	可能发生	影响较大	中	设置于防护区外	低
	108		设备未单独回路配电，未设置漏电保护装置	可能发生	影响较大	中	符合电气冗余和安全性要求	低

续表

章	序号	识别项	风险描述	风险可能性	风险后果	固有风险	设计或已有的控制措施	剩余风险
电气自控	109	配电	配电管线未采用金属管敷设;穿过墙和楼板的电线管未采用专用电缆穿墙装置;套管内未用不收缩、不燃材料密封	可能发生	影响较大	中	采用金属管敷设，安装符合标准要求	低
	110		室内照明灯具未采用吸顶式密闭洁净灯;灯具不具有防水功能	可能发生	影响一般	中	采用吸顶式密闭洁净灯	低
	111	照明	未设置不少于30min的应急照明及紧急发光流疏散标志	可能发生	影响重大	高	应急照明挂在UPS上，可满足不少于30min照明要求	低
	112		实验室的入口和主实验室缓冲间入口处未设置主实验室工作状态的显示装置	可能发生	影响重大	高	主实验室缓冲间入口处设置了工作状态显示装置	低
	113		空调净化自动控制系统不能保证各房间之间的正确流向及压差的恒定	可能发生	影响重大	高	自控系统可满足使用要求	低
	114	自动控制	自控系统不具有压力梯度、温湿度、联锁控制、报警等参数的历史状况的历史记录存储显示功能;自控系统控制箱未设于防护区外	可能发生	影响重大	高	自控系统具有数据存储显示功能，控制箱设置于中控室内	低
	115		自控系统报警信号未分为重要参数报警和一般参数报警。重要参数报警、一般参数报警为非声光报警;未在主实验室内设置紧急报警按钮	可能发生	影响重大	高	区分了重要报警和一般报警，重要报警为声光报警;在主实验室内设置了紧急报警按钮	低
	116		有负压控制要求的房间入口位置，未安装显示状况的压力显示式装置	可能发生	影响较大	中	有负压控制要求的房间入口位置，安装了显示压力状况的指针式压力表	低
	117		自控系统未预留接口	可能发生	影响较大	中	预留了20%的冗余接口	低
	118		空调净化系统启动和停机过程未采取措施防止实验室内负压值超出结构和相关设备的安全范围	很可能发生	影响重大	高	送排风联锁，风量跟踪控制，可预防负压超过预设负压值;调试验证最大负压不超过围护结构出围护结构承压范围 -200Pa	低

续表

章	序号	识别项	风险描述	风险可能性	风险后果	固有风险	设计或已有控制措施	剩余风险
	119		送风机和排风机未设置保护装置；送风机和排风机保护装置未将报警信号接入控制系统	可能发生	影响一般	中	送排风机均设有过载保护装置，与自控系统各报警信号联锁控制	低
	120		送风机和排风机未设置风压差检测装置；当压差低于正常值时不能发出声光报警	可能发生	影响较大	中	在风机出口侧设置了压差检测装置，可在线监测风机运行状态	低
	121		防护区未设送排风系统正常运行的标志；当排风系统运转不正常时不能报警，备用排风机组不能自动投入运行，不能发出报警信号	可能发生	影响特别重大	极高	设置了备用排风机，一用一备，切换过程正常，未出现绝对压力逆转，且有报警（重要报警，为紧急报警）	低
	122	自动控制	送风和排风系统未可靠联锁，空调通风系统开机顺序不符合标准的要求	可能发生	影响重大	高	可靠联锁，排风先于送风开启，后于送风关闭	低
电气自控	123		当空调机组设置电加热装置；送风和排风段未设置监测温度的传感器；有风量信号及温度信号未与电加热联锁	可能发生	影响重大	高	设有无风超温报警，与电加热器联锁	低
	124		空调通风设备不能自动和手动控制，应急手动没有优先控制权，不具备硬件联锁功能	可能发生	影响较大	中	可自动、手动控制切换，手动有优先控制权	低
	125		未设置监测送、排风高效过滤器阻力的压差传感器	可能发生	影响较大	中	设置了送、排风高效过滤器阻力监测压差传感器，自控系统显示阻力数值，阻力超限后自动报警，提示更换过滤器	低
	126		在空调通风系统运行时，防护区送、排风管上的密闭阀未处于常闭状态	可能发生	影响较大	中	系统未运行时，处于常闭状态	低
	127		未设门禁控制系统	可能发生	影响重大	高	设置了门禁控制系统，只经授权的人员才能进出受控区域	低
	128		防护区内的缓冲间、化学淋浴间等房间的门未采取互锁措施	可能发生	影响重大	高	缓冲间的门采用互锁控制	低

续表

章	序号	识别项	风险描述	风险可能性	风险后果	固有风险	设计或已有的控制措施	剩余风险
电气自控	129		在互锁门附近未设置紧急手动解锁互锁门、中控系统不具有解除所有门厅或指定门互锁的功能	可能发生	影响重大	高	设有紧急手动解锁开关、紧急状态下、中控系统可解除所有门厅的互锁	低
	130		未设闭路电视监视系统	可能发生	影响较大	中	设有闭路电视监视系统	低
	131		未在生物安全实验室的关键部位设置监视器	可能发生	影响较大	中	在防护区走廊、核心工作间、洗消间、空调机房、中控室等部位设置了监视器	低
	132	通信	防护区内未设置必要的通信设备	可能发生	影响较大	中	设置了网络、电话通信设备	低
	133		实验室内与实验室外没有内部电话或对讲系统	可能发生	影响较大	中	设有内部电话系统	低
消防	134	耐火等级	耐火等级低于二级	可能发生	影响重大	高	耐火等级二级	低
	135	疏散指示	疏散出口没有消防疏散指示标志或消防应急照明措施	可能发生	影响较大	中	疏散出口设有消防疏散指示标识	低
	136	材料要求	吊顶材料的燃烧性能和耐火极限低于所在区域隔墙的要求;与其他部位分隔的防火门不是甲级防火门	可能发生	影响重大	高	吊顶材料的燃烧性能和耐火极限不低于所在区域隔墙的要求;与其他部位分隔开的防火门是甲级防火门	低
	137	灭火措施	生物安全实验室未设置火灾自动报警装置和合适的灭火器材	可能发生	影响重大	高	设置了火灾自动报警装置、设有七氟丙烷气体灭火装置	低
	138		防护区设置自动喷水灭火系统和机械排烟系统;未根据需要采取其他灭火措施	可能发生	影响重大	高	设有七氟丙烷气体灭火装置、未设置自动喷水灭火系统和机械排烟系统	低
关键防护设备	139	生物安全柜	安全柜类型选择有误	可能发生	影响重大	高	按实验室工作需求选用Ⅱ级A2型生物安全柜	低
			安全柜安装不当	可能发生	影响重大	高	安全柜排风采用紧密型室内排风的方式,符合使用要求	低
			安全柜安装位置不合理	可能发生	影响重大	高	安全柜安装位置于排风口侧(房间入口送风口侧的对侧)	低
	140	动物隔离设备	动物隔离设备类型(气密式或非气密式)选择有误	可能发生	影响重大	高	按实验室实际工作需求选用了气密式动物隔离设备	低

续表

章	序号	识别项	风险描述	风险可能性	风险后果	固有风险	设计或已有的控制措施	剩余风险
关键防护设备	140	动物隔离设备	设备排风安装不当	可能发生	影响重大	高	设备排风采用风管直接连接至大系统排风，符合使用要求	低
			设备安装位置不合理	可能发生	影响重大	高	设备安装位置位于排风口侧（房间入口送风口侧的对侧）	低
	141	独立通风笼具	IVC设备类型选择有误，未选用生物安全型全型IVC	可能发生	影响重大	高	按实验室实际工作需求选用了生物安全型IVC（笼盒气密性符合RB/T 199-2015的要求）	低
			设备排风安装不当	可能发生	影响重大	高	设备排风采用风管直接连接至大系统排风，符合使用要求	低
			设备安装位置不合理	可能发生	影响重大	高	设备安装位置位于排风口侧（房间入口送风口侧的对侧）	低
	142	压力蒸汽灭菌器	设备选型不当，未选用生物安全型	可能发生	影响重大	高	选用了生物安全型压力蒸汽灭菌器（腔体内气体经过HEPA过滤处理后排放，冷凝水经高温高压消毒灭菌后排放）	低
			设备安装位置不合理	可能发生	影响重大	高	在内走廊清消间之间安装了生物安全型高压蒸汽灭菌器，其主体在洗消间一侧	低
	143	气体消毒设备	设备选型不当，或消毒剂缺乏针对性	可能发生	影响重大	高	实验室选用过氧化氢消毒	低
			空间消毒方式不合理，或配套设施设备不齐全	可能发生	影响重大	高	实验室采用密闭熏蒸消毒模式，采用主机放置在室外且具备调节室内负压功能的消毒设备	低
	144	排风高效过滤装置	设备选型问题，即未选用生物安全型排风高效过滤器装置（可原位消毒、检漏）	可能发生	影响重大	高	选用了生物安全型排风高效过滤装置（可原位消毒、检漏）	低
			安装位置不符合要求（风口式、管道式）	可能发生	影响重大	高	选用了风口式排风高效过滤装置	低
			一道或两道排风高效过滤设施设备，不符合标准要求	可能发生	影响重大	高	该实验室属于GB 19489—2008中的4.4.2类BSL-3、ABSL-3实验室，安装了风口式排风高效过滤装置	低
	145	活菌废水处理系统	处理工艺系统选择（连续式、序批式）	可能发生	影响重大	高	采用序批式处理系统，配备了2个容量相同、功能相同的压力容器罐，2个罐体一用一备，可交替使用、互为备用	低
			污水处理站围护结构及机电系统设计	可能发生	影响重大	高	污水处理站设有生物安全实验室防护区进行处理，防护级别应不低于所服务的工作核心工作间的防护级别	低

注：表中给出的设计或已有的控制措施仅为举例说明，工程现场可能与此有一定出入，如气体消毒设备可能采用二氧化氯消毒剂等。实验室在进行设施设备风险评估时应以现场实际措施为准。

表 7-2

某 BSL-3 生物安全实验室设施设备运行维护阶段风险再评估示例

序号	识别项	风险描述	风险可能性	风险后果	固有风险	设计或已有的控制措施	剩余风险
1	室内环境参数	静压差不符合要求	很可能发生	影响重大	高	加强房间绝对压力、与相邻房间相对压力的日常监测,每年由第三方检测机构校准压力表、压力传感器等,当自控系统预警或报警压力梯度失效时,及时检修	低
2		气流流向不符合要求	很可能发生	影响重大	高	加强室内气流流向的日常检测,每年由第三方检测机构检测气流流向,确保符合定向流要求	低
3		室内送风量不符合要求	很可能发生	影响一般	中	加强送风高效过滤器阻力的日常监测,每年由第三方检测机构检测校准高效过滤器阻力传感器,当自控系统预警需要更换送风高效空气过滤器时,及时更换	低
4		洁净度级别不符合要求	很可能发生	影响一般	中	加强室内含尘浓度的日常检测,每年由第三方检测含尘浓度,确保洁净度符合要求	低
5		温度不符合要求	很可能发生	影响一般	中	加强室内温度的日常监测,每年由第三方检测机构检测校准温度传感器等,当自控系统报警温度不符合要求时,及时检修	低
6		相对湿度不符合要求	很可能发生	影响一般	中	加强室内相对湿度的日常监测,每年由第三方检测机构检测校准相对湿度传感器,当自控系统报警相对湿度不符合要求时,及时检修	低
7		噪声不符合要求	很可能发生	影响一般	中	日常运行过程中当室内噪声出现异常时,及时分析原因并检修,每年由第三方检测机构检测噪声,确保噪声符合要求	低
8		照度不符合要求	很可能发生	影响一般	中	加强室内照度的日常检测,每年由第三方检测机构检测照度,发现照明灯具不亮时,及时检修,确保符合要求	低
9	围护结构	围护结构的严密性不符合要求	很可能发生	影响特别重大	极高	加强围护结构壁板、接缝密封方面的维护,每年由第三方检测机构检测围护结构严密性,发现泄漏处及时密封检修	低
11	HEPA	防护区排风高效过滤器原位检漏不符合要求	可能发生	影响较大	中	由第三方检测机构检测验证,包括:安装后投入使用前、更换高效空气过滤器或内部部件维修后,年度上检测时机至少	低
12		送风高效过滤器检漏不符合要求	可能发生	影响较大	中	同上	低

续表

序号	识别项	风险描述	风险可能性	风险后果	固有风险	设计或已有的控制措施	剩余风险
13		系统启停时送排风机联锁可靠性验证不符合要求	可能发生	影响重大	高	由第三方检测机构检测验证，确保符合要求，检测时机至少包括：安装后投入使用前，年度的维护检测	低
14		生物安全柜、动物隔离设备、IVC、负压解剖台等设备的启停，对防护区压力梯度影响影响可靠性验证不符合要求	可能发生	影响较大	中	同上	低
15		备用排风机切换及故障报警可靠性验证不符合要求	很可能发生	影响特别重大	极高	由第三方检测机构检测验证，确保符合要求，检测时机至少包括：安装后投入使用前，年度的维护对主、备风机设备的巡检，发现问题及时检修	低
16		备用送风机切换及故障报警可靠性验证不符合要求	可能发生	影响重大	高	同上	低
17	工况验证	备用电源（UPS）系统切换及故障报警可靠性验证不符合要求	很可能发生	影响重大	高	由第三方检测机构检测验证，确保符合要求，检测时机至少包括：安装后投入使用前，年度的维护对检测。日常运行过程中，加强对UPS的管理，尤其是蓄电池的维护保养，定期（如每3个月）充放电一次	低
18		备用空气压缩机（供气系统）切换及故障报警可靠性验证不符合要求	可能发生	影响重大	高	由第三方检测机构检测验证，确保符合要求，检测时机至少包括：安装后投入使用前，年度的维护对检测。日常运行过程中，加强对空压机、减压阀等设备的巡检，发现问题及时检修	低
19		失压报警系统可靠性验证不符合要求	可能发生	影响重大	高	由第三方检测机构检测验证，确保符合要求，检测时机至少包括：安装后投入使用前，年度的维护对检测。日常运行过程中，发现问题及时检修	低
20		紧急解锁系统可靠性验证不符合要求	可能发生	影响重大	高	同上	低
21		互锁门的互锁功能可靠性验证不符合要求	可能发生	影响重大	高	同上	低

续表

序号	识别项	风险描述	风险可能性	风险后果	固有风险	设计或已有的控制措施	剩余风险
22	生物安全柜	排风高效过滤器检漏不符合要求	可能发生	影响重大	高	由第三方检测机构检测验证，确保符合要求。检测时机至少包括：安装后投入使用前，更换高效空气过滤器或内部部件维修后，年度的维护检测	低
		工作窗口气流反向	可能发生	影响重大	高	由第三方检测机构检测验证，确保符合要求。检测时机至少包括：安装后投入使用前，更换高效空气过滤器或内部部件维修后，年度的维护检测。在日常运行过程中，定期通过丝线法或发烟法查验气流流向，发现问题及时检修	低
		工作窗口风速偏低	很可能发生	影响较大	高	由第三方检测机构检测验证，确保符合要求。检测时机至少包括：安装后投入使用前，更换高效空气过滤器或内部部件维修后，年度的维护检测	低
		工作区洁净度达不到百级要求	可能发生	影响重大	中	同上	低
		垂直气流平均风速偏小	很可能发生	影响较大	高	同上	低
		噪声高	可能发生	影响一般	低	同上	低
		照度低	可能发生	影响一般	低	同上	低
23	气密式动物隔离设备	排风高效过滤器检漏不符合要求	可能发生	影响重大	高	由第三方检测机构检测验证，确保符合要求。检测时机至少包括：安装后投入使用前，更换高效空气过滤器或内部部件维修后，年度的维护检测	低
		箱体气密性不符合要求	很可能发生	影响重大	高	同上	低
		箱体内外压差偏小	可能发生	影响重大	高	同上	低
		手套连接口风速偏小	很可能发生	影响较大	高	同上	低
		送风高效过滤器检漏不符合要求	可能发生	影响较大	中	同上	低

续表

序号	识别项	风险描述	风险可能性	风险后果	固有风险	设计或已有的控制措施	剩余风险
24	独立通风笼具	排风高效过滤器检漏不符合要求	可能发生	影响重大	高	由第三方检测机构检测验证，确保符合要求。检测时至少包括：安装后投入使用前、更换高效空气过滤器或内部部件维修后、年度的维护检测	低
		笼盒气密性检测不符合要求	很可能发生	影响较大	高	同上	低
		笼盒内外压差检测不符合要求	可能发生	影响重大	高	同上	低
		笼盒内气流流速偏大	可能发生	影响较大	中	同上	低
		笼盒气换气次数偏小	可能发生	影响较大	中	同上	低
		送风高效气过滤器检漏不符合要求	可能发生	影响较大	中	同上	低
25	压力蒸汽灭菌器	消毒灭菌效果验证不合格	可能发生	影响重大	高	实验室或外包给第三方进行消毒效果验证，确保符合要求。验证时机至少包括：安装后投入使用前、维修后，更换高效空气过滤器或内部部件维修后、年度的维护检测	低
		压力表/压力传感器失真	可能发生	影响重大	高	每半年由当地计量院或其他仪器仪表校准机构进行检测校准，确保符合使用要求	低
		温度表/温度传感器失真	可能发生	影响重大	高	每半年由当地计量院或其他仪器仪表校准机构进行检测校准，确保符合使用要求	低
		泄压管道排气高效过滤器检漏不符合要求	可能发生	影响重大	高	安装后投入使用前，由压力蒸汽灭菌器使用符合要求，以验证其符合使用要求。更换高效空气过滤器后，由过滤器厂家或维修单位提供性能检验报告	低
26	气体消毒设备	消毒灭菌效果验证不合格	可能发生	影响重大	高	实验室或外包给第三方进行消毒效果验证，确保符合要求。验证时机至少包括：气体消毒设备投入使用前、维修或更换主要部件后、定期的维护检测	低

续表

序号	识别项	风险描述	风险可能性	风险后果	固有风险	设计或已有的控制措施	剩余风险
26	气体消毒设备	消毒剂有效成分失效	很可能发生	影响重大	高	实验室定期（如每周）验证消毒有效成分，失效时及时采取措施，恢复有效成分	低
		气密性不符合标准要求	很可能发生	影响重大	高	由第三方检测机构检测风高效过滤装置的气密性，确保气密性符合要求。检测时机至少包括：安装后投入使用前、更换高效空气过滤器或内部部件后、年度的维护检测	低
27	排风高效过滤装置	扫描检漏范围不能覆盖过滤器本体及安装边框	可能发生	影响重大	高	由第三方检测机构对排风高效过滤装置检漏范围进行确认，确保检漏范围有效。检测时机至少包括：安装后投入使用前、更换高效空气过滤器或内部部件后、年度的维护检测	低
		高效过滤器检漏发现泄漏	可能发生	影响重大	高	由第三方检测机构对排风高效过滤装置进行检漏，确保符合要求。检测时机至少包括：安装后投入使用前、更换高效空气过滤器或内部部件后、年度的维护检测	低
28	活毒废水处理系统	罐体泄压管道排气高效过滤器检漏不符合要求	可能发生	影响重大	高	由第三方检测机构对活毒废水处理系统进行检漏验证，确保符合要求。检测时机至少包括：安装后投入使用前、设备的主要部件更换维修后、年度的维护检测	低
		罐体、阀门、管道等泄漏	可能发生	影响重大	高	对活毒废水处理系统各设备部件的巡检，在日常运行过程中，加强发现问题及时检修	低
		压力表/压力传感器失真	可能发生	影响重大	高	每半年由当地计量院或其他仪器仪表校准机构进行检测校准，确保符合使用要求	低
		温度表/温度传感器失真	可能发生	影响重大	高		低
		消毒灭菌效果验证不合格	可能发生	影响重大	高	实验室或由第三方进行消毒效果验证，确保设施设备符合要求。验证时机同上	低

注：表中给出的已有的控制措施仅为举例说明，工程现场可能与此有一定出入，如是否请第三方检测机构的问题。实验室在进行设施设备风险评估时应以现场实际措施为准。

本章参考文献

［1］ 中国建筑科学研究院. 生物安全实验室建筑技术规范. GB 50346—2011［S］. 北京：中国建筑工业出版社，2012.

［2］ 中国合格评定国家认可中心. 实验室生物安全通用要求. GB 19489—2008［S］. 北京：中国标准出版社，2008.

［3］ 中国国家认证认可监管管理委员会. 实验室设备生物安全性能评价技术规范. RB/T 199—2015［S］. 北京：中国标准出版社，2016.

［4］ 马立东. 生物安全实验室类建筑的规划与建筑设计［J］. 建筑科学，2005，21（增刊）：24-33.

［5］ 吕京，王荣，曹国庆. 四级生物安全实验室防护区范围及气密性要求［J］. 暖通空调，2018，48（3）：15-20.

［6］ 曹国庆，王荣，翟培军. 高等级生物安全实验室围护结构气密性测试的几点思考［J］. 暖通空调，2016，46（12）：74-79.

［7］ 曹国庆，张益昭，董林. BSL-3 实验室空调系统风机配置运行模式探讨［J］. 环境与健康杂志，2009，26（6）：547-549.

［8］ 曹国庆，王荣，李屹 等. 高等级生物安全实验室压力波动原因及控制策略［J］. 暖通空调，2018，48（1）：7-12.

［9］ 曹国庆，李晓斌，党宇. 高等级生物安全实验室空间消毒模式风险评估分析［J］. 暖通空调，2017，47（3）：51-56.

［10］ 张益昭，于玺华，曹国庆 等. 生物安全实验室气流组织形式的实验研究［J］. 暖通空调 2006，36（11）：1-7.

［11］ 曹国庆，张益昭，许钟麟等. 生物安全实验室气流组织效果的数值模拟研究［J］. 暖通空调，2006，36（12）：1-4.

［12］ 曹国庆，刘华，梁磊 等. 由生物安全实验室检测引发的有关设计问题的几点思考［J］. 暖通空调，2007，37（10）：52-57.

［13］ 张昷东，曹国庆. 高等级生物安全实验室 UPS 设计及风险分析［J］. 建筑电气，2018，37（1）：15-19.

［14］ 王清勤，赵力，曹国庆等. GB 50346 生物安全实验室建筑技术规范修订要点［J］. 洁净与空调技术，2012，2：44-48.

［15］ 李屹，曹国庆，代青. 高等级生物安全实验室压力衰减法气密性测试影响因素［J］. 暖通空调，2018，48（1）：28-31.

［16］ 李屹，曹国庆，王荣 等. 生物安全柜运行现状调研［J］. 暖通空调，2018，48（1）：32-37.

［17］ 曹冠朋，曹国庆，陈咏 等. 生物安全隔离笼具产品和标准概况及现场检测结果［J］. 暖通空调，2018，48（1）：38-43.

［18］ 张惠，郝萍，曹国庆 等. 非气密式动物隔离设备运行现状调研分析［J］. 暖通空调，2018，48（1）：45-47.

［19］ 曹国庆，许钟麟，张益昭 等. 洁净室气密性检测方法研究——国标《洁净室施工及验收规范》编制组研讨系列课题之八［J］. 暖通空调，2008，38（11）：1-6.

［20］ 曹国庆，许钟麟，张益昭 等. 洁净室高效空气过滤器现场检漏方法的实验研究——国标《洁净室施工及验收规范》编制组研讨系列课题之七［J］. 暖通空调，2008，38（10）：4-8.

［21］ 曹国庆，崔磊，姚丹. 生物安全实验室综合性能评定若干问题的探讨：系统安全性与可靠性验证［C］. 全国暖通空调制冷 2010 年学术年会论文集，2010 .

［22］ Peter Mani 著. 兽医生物安全设施——设计与建造手册［M］. 徐明 等译. 北京：中国农业出版社，2006.

致　　谢

生物安全实验室风险评估是生物安全实验室风险管理的核心组成部分，根据国家认证认可监督管理委员会《国家认监委关于下达 2017 年第一批认证认可行业标准制定计划项目的通知》（国认科〔2017〕70 号）的要求，行业标准《病原微生物实验室生物安全风险评估指南》（2017RB036）已列入编制计划，中国合格评定国家认可中心为第一起草单位，本书是该行业标准的一项研究成果。

同时，根据《认监委关于下达 2018 年第一批认证认可行业标准制（修）订计划项目的通知》（国认科〔2018〕39 号）的要求，行业标准《生物安全实验室运行维护评价规范》（2018RB014）已列入编制计划，中国建筑科学研究院有限公司为第一起草单位，本书研究成果将更好地用于指导该行业标准的制订。

本书研究成果主要来源于国家建筑工程质量监督检验中心净化空调检测部近十年，对国内绝大部分生物安全实验室尤其是高等级生物安全实验室设施及关键防护设备的现场检测。这里要感谢国家建筑工程质量监督检验中心，更要感谢所有来自科研院所、疾控中心、动物疫控中心、企业的各生物安全实验室领导和专家。

本书在编写过程中得到了中国建筑科学研究院净化空调技术中心和中国合格评定国家认可中心认可四处全体员工的大力支持。另外，天津中发建设集团有限公司、北京中数图科技有限责任公司提供了很多技术资料和照片，在此一并表示感谢。